1

COMO COMUNICARSE EFICAZMENTE

Aprende el arte de la comunicación

ESTILO DE LANZA

Contenido

¿Por qué tanto ruido en torno a las relaciones humanas?

Me pregunto si entre las personas con las que vives o trabajas, hay quienes a tus espaldas, o tal vez se burlan abiertamente del hecho de que estás leyendo este libro. ¿Los que lo consideran tan frívolo que es justo dotarlo de una funda rosa y un lazo?

¿Tienen razón cuando piensan así? Absolutamente.

Equivocado .

Déjame hacerte algunas preguntas.

— ¿Conoces personas con talento que actualmente no encuentran ni motivación ni alegría en su trabajo?

— ¿En qué medida la calidad de sus relaciones con los clientes y clientes afecta el éxito de su negocio?

— ¿Hubo personas talentosas en su organización que renunciaron principalmente debido a una mala relación con su jefe?

— ¿Ha habido momentos en su vida personal en los que las relaciones comenzaron bien y luego se deterioraron y se esfumaron?

¿Por qué tanto ruido en torno a las relaciones humanas?13

— ¿La forma en que habitualmente trata de resolver los conflictos suele conducir a mejores o peores resultados?

— ¿Hay familiares cercanos entre sus conocidos que no se comunican entre sí porque no pueden resolver la situación de conflicto?

— ¿Conoces jóvenes que anhelan dejar su hogar por una mala relación con sus padres?

— ¿Su educación le ha proporcionado el conjunto necesario de habilidades para tener éxito en los negocios y las relaciones?

Te hace pensar, ¿no? Déjame preguntarte

ahora algo más.

Así que todo lo que está escrito aquí es palabrería, ¿verdad?

¿Afectará la calidad de su trabajo de alguna manera?

¿Afectará el resultado de alguna manera?

¿Afectará de alguna manera la calidad de sus relaciones personales?

Bueno, por supuesto!

Si la gente piensa que todo esto es palabrería, ¿quiénes son?

alegres compañeros? ¿Confundido? ¿Asustado?

14 Dominio de la comunicación

De hecho, si usted, el lector, es mujer, es probable que ya esté convencida del valor de este libro. Sin embargo, algunos hombres (estoy feliz de decir que no todos) todavía están bajo la influencia del chovinismo anticuado y anticuado y necesitan algún tipo de llamada de atención.

Para algunos, esta señal ya sonó. Comenzaron a moverse con los tiempos. Sin embargo, muchos siguen rezagados. Y estoy escribiendo este libro como un verdadero hombre.

Sin embargo, sea cual sea su género y edad, parece que ha llegado el momento de aceptar lo siguiente...

Gema de la Sabiduría

El material simple es esencial. Se debe prestar atención.

Así que dejemos de gritar que las

personas son nuestro mayor tesoro, sin perder tiempo, energía o recursos para brindarles todo lo que necesitan para alcanzar su potencial. Enviemos un beso de despedida a las cosas que hacemos

"para que conste" y reconozca el hecho de que todos necesitamos consejos sobre cómo alcanzar nuestro máximo potencial y las posibilidades de los demás. Especialmente en nuestros tiempos difíciles, inestables e impredecibles.

Quitémonos los anteojos color de rosa de una vez por todas y enfrentemos los hechos.

El éxito en las relaciones con las personas es un objetivo extremadamente importante. Y la capacidad de lograr tal éxito, tal vez, nunca ha sido tan necesaria.

¿Estás de acuerdo?

¿Por qué tanto ruido en torno a las relaciones humanas?quince

¿Qué significa el éxito para ti?

¿Por qué no hacemos una pausa ahora y

pensamos en la siguiente pregunta: qué significa para ti el éxito en las relaciones?

¿Esperas que le gustes a más gente? ¿Te escuchará? comprarte algo? ¿De acuerdo con tu opinión?

¿Tener este tipo de éxito significa que puede volverse más persuasivo? ¿Quizás lo necesita para administrar a las personas de manera más efectiva o ser un buen padre? ¿O es la persona que necesitas para construir una relación contigo mismo?

Debe comprender que con la palabra "éxito" diferentes personas quieren decir cosas diferentes.

Todos comenzamos el camino hacia el éxito de diferentes maneras, con diferentes prioridades.

Entonces, ¿qué significa el éxito para usted personalmente? ¿Cómo sabrás si este libro te ha ayudado?

¿Qué quieres más? ¿Qué quieres menos?

Un gran número de personas lee por puro placer. Bien . Pero, ¿no es mejor leer con un propósito en mente?

Bueno, primero pongamos un punto en las i para que entiendas claramente lo que puedes y no puedes esperar de este libro, y también por qué intenté escribirlo.

Bueno, has decidido leer un libro sobre cómo tener éxito en las relaciones con las personas. En primer lugar, gracias por elegir este libro en particular. Espero que no se arrepienta de tomarse el tiempo de leerlo y que lo encuentre útil en muchas situaciones.

Permítanme comenzar explicando por qué escribí este libro y también por qué lo escribí de la forma en que lo escribí.

Supongo que la comunicación con la gente es parte de tu vida diaria, a menos, por supuesto, que seas un ermitaño y un monje que ha hecho voto de silencio y vive apartado de la sociedad. A pesar de que cada año nuestra conexión con los dispositivos técnicos es cada vez más estrecha, para evitar la comunicación con las personas, ya sea en vivo o virtual.

— solo unos pocos pueden. Sin embargo, hay un problema.

Ninguno de nosotros está mágicamente dotado al nacer con el conjunto de habilidades que se requieren para superar las dificultades de la vida y construir adecuadamente nuestras relaciones con las personas.

Actualmente hay 7 mil millones de personas en nuestro planeta y se prevé que este número aumente a alrededor de 9 mil millones para 2050. Esto es mucho. yo creo que tu

Vamos a puntear todo i 19

no vas a conocer a todas las personas del planeta (por muy sociable que seas), pero las realidades modernas son tales que la cantidad de personas con las que interactúas en tan solo unos meses de tu vida puede superar la cantidad de personas con las que tus abuelos A lo largo de sus vidas.

Ahora agregue a este crisol de todos sus encuentros, la inestabilidad económica, la globalización, la sobrecarga de información, la vida 24/7, el aumento de la esperanza de vida, el auge de Internet, las diferencias culturales, y obtendrá una mezcla explosiva.

¿Cuál es el resultado?

Ninguno de nuestros antepasados vivió en un mundo ni remotamente parecido al que vivimos nosotros. Y si hay instrucciones para usar nuestros iPads y teléfonos inteligentes, entonces no hay manuales dedicados a la correcta interacción con las personas.

Esta es la realidad .

Las personas son predecibles e inesperadas en sus acciones. Son simples y complejos. Pueden ser amables. O podrían ser asesinos. Ellos regalan. ellos se llevan Son compasivos. Son complacientes. Son sorprendentes. son horribles Ellos aman . Y odian. Viven en el presente, influenciados por el pasado.

No te voy a obsequiar con cuentos. Voy a contarlo como es.

Dada esta lista de características humanas conflictivas, en el mejor de los casos podemos20 Habilidad de comunicación

Espero obtener solo consejos útiles sobre

cómo interactuar con las personas.

Pero las recomendaciones no garantizan nada. Sin embargo, también tengo buenas noticias para ti.

Verá, a pesar de la abundancia de contradicciones que componen a las personas, existen algunas ideas, estrategias y métodos simples que lo ayudarán a construir relaciones en su vida personal y profesional. No harán magia, pero aumentarán en gran medida la probabilidad de éxito en la construcción de relaciones con las personas.

He trabajado como profesor y formador profesional en 36 países de cuatro continentes (en este momento). Y esto es lo que aprendí: a pesar de que las personas pueden tener diferentes colores de piel y religiones, ya sea que estemos en América, África, Australia, Asia o en Europa, lo que nos une es más grande. Qué nos diferencia.

Mi experiencia es que todos estamos impulsados por un deseo abrumador de mejorar nuestras vidas, a veces por necesidad, pero a menudo por un deseo de seguridad y propósito personal.

La mayoría de nosotros queremos que nuestros hijos tengan una vida mejor que nosotros.

Muchos anhelan el sentido de la vida y lo encuentran en la religión, las relaciones, la pertenencia a un grupo particular o la participación en una causa particular.

Casi todos distinguimos intuitivamente el bien del mal.

Sin embargo, hay diferencias entre nosotros.

Vamos a puntear todo i 21

La cultura, la educación, la edad y la religión están todos involucrados en la creación de estas diferencias y en la configuración de nuestro comportamiento (me sorprende especialmente la influencia de la cultura a la que pertenecemos en la forma en que interpretamos el comportamiento de otras personas. Por ejemplo, en una cultura evitar el contacto visual es una señal de respeto, mientras que en otra cultura tiene la interpretación opuesta).

Entonces, primero quiero llamar la atención sobre estas diferencias y asegurarles que no voy a describir una forma universal de interactuar con las personas. Sin embargo, quiero aumentar su conciencia y ayudarlo a comprenderse mejor a sí mismo y a los demás compartiendo consejos e ideas que puede aplicar de inmediato a su trabajo y vida personal. Solo considere el hecho de que necesitará adaptar estas ideas a su situación, cultura y contexto específicos.

Por lo tanto, debe asegurarse de utilizar los consejos que sean más realistas y adecuados para usted, y darse cuenta de que la misma estrategia puede funcionar en una situación y fallar en otra. Así es la vida, y así es la gente. Por eso es tan importante poder adaptarse.

Recuerde, no importa cuán brillante sea una idea, debe usarse de la manera correcta, en la situación correcta y en el momento correcto para tener el efecto deseado. Y finalmente...

Un extintor de incendios puede ser invaluable. Pero no puede ayudar a un hombre que se ahoga.

22 Habilidades de comunicación

¿Por qué este libro está escrito como está?

Siempre habrá amantes de los libros en el mundo. Para algunosnada puede ser mejor que una buena novela. Pero, ¿a qué porcentaje de lectores les gusta meterse en la jungla de tutoriales y libros de negocios? Creo que es muy insignificante.

¿Cuántas personas compran libros y tutoriales de negocios y nunca terminan de leerlos?

Supongo que mucho.

Por eso en nuestra época, cuando la gente tiene mucho dinero y pocoEn una época en la que nos comunicamos cada vez más a través de blogs y tuits en lugar de leer libros gruesos, quería aprovechar lo mejor de ambos mundos.

Cree un libro que contenga pepitas de sabiduría fáciles de entender que no causen indigestión: un libro que se pueda leer en pequeños bocados.

Un libro, después de leerlo, no te sentirás agobiado por una gran cantidad de información, sino lleno de fuerza e inspirado por nuevas ideas y pensamientos.

Ah, sí, mientras sigues leyendo, notarás algo más.

El libro que tienes en tus manos está escrito de manera simple y directa.

Lo hice a propósito.

Me propuse ayudar a entender mejor a las personas, comunicarme con ellas e interactuar.

Este libro no está escrito para complacer tu amor propio intelectual.

Vamos a puntear todo i 23

Steve Jobs pasó toda su vida tratando de simplificar las cosas complejas. No soy Steve Jobs, pero en este libro encontrará los resultados de tales intentos.

Sencillez. Rectitud. Deseo de ser breve.

Consejos e ideas expuestas poco a poco.

También encontrará aquí mis confesiones honestas. Compartiré contigo mis éxitos y fracasos y te contaré lo que he aprendido de ambos.

Y también te desafiaré a pensar o pasar la prueba. Quizás en el proceso de lectura te encuentres con episodios que te harán sentir incómodo.

No esperabas esto, ¿verdad?

Nos gusta sentirnos cómodos. Nos gusta pensar que no tenemos que hacer demasiado para tener éxito. Si eres como yo, entonces quieres que el solo hecho de leer un libro te transforme mágicamente.

No cedas a estas ilusiones. Verá, nos equivocamos cuando creemos que la cantidad de nuestro conocimiento es directamente proporcional al nivel de nuestro éxito.

Déjame ser franco contigo.

He estado viviendo en este planeta durante mucho tiempo. He conocido perdedores muy inteligentes. He conocido personas extremadamente educadas que no sabían absolutamente cómo comunicarse con otras personas.

24 Dominio de la comunicación

El conocimiento es el punto de partida, pero no garantiza un final exitoso. Así como un alto coeficiente intelectual no es un componente necesario para el éxito.

Por lo tanto, esté preparado para el hecho de que no solo tendrá que leer este libro, sino también poner en práctica todos los consejos que contiene. Por mi parte, prometo que incluiré episodios en este libro que te sacarán una sonrisa. Realmente espero que disfrutes leyéndolo, pero al mismo tiempo, de vez en cuando te encontrarás con algo que te hará pensar.

Puede encontrar algunos capítulos más significativos que otros. El éxito en las relaciones con las personas parece ser un tema extenso que ha absorbido una gran cantidad de problemas. Algunos de los temas que he tocado son igualmente importantes tanto en las relaciones profesionales como en las privadas, pero también hay aquellos que conciernen principalmente a las relaciones profesionales únicamente.

Espero que todos los temas que he tocado despierten vuestro interés, pero además de interés, algunos de ellos serán de gran importancia. Por lo tanto, recuerda los consejos que te parezcan más relevantes y valiosos. Además, puede que no sea superfluo compartir algunas de las ideas recogidas aquí con las personas que te rodean.

La Parte I le dará la oportunidad de "detenerse y comprender" a los demás y descubrir por sí mismo lo que puede y no puede lograr en sus relaciones con las personas. La Parte II lo ayudará a "seguir adelante" utilizando estrategias específicas para tener éxito en la construcción de relaciones con personas en diferentes situaciones.

Por último, nunca subestimes el poder y el impacto de los breves y sencillos consejos de este

Vamos a puntear todo i 25

libro. Te ayudarán en tu camino hacia el éxito en las relaciones con las personas.

Pero recuerda una cosa. Estos consejos son fáciles de seguir. Pero es igualmente fácil no seguirlos.

La decisión es tuya . ¡Disfruta leyendo!

Parte I

parar y entender

La gente es incorregible

Claire parecía muy preocupada. "Tengo 30 años, estoy desempleado y sigo viviendo con mis padres. En mi opinión, solo puede haber dos razones por las que no puedo encontrar trabajo. O algo anda mal en este mundo, o algo anda mal conmigo. Obviamente, es imposible culpar al mundo entero por mis problemas en la vida, lo que significa que el problema definitivamente soy yo. Necesito ser corregido. ¿Puedes ayudarme?" preguntó ella.

Guau . Acabo de preguntar cómo estás.

Claire vio la vida en blanco y negro; esto es un problema para muchos, pero la situación de Claire parecía ser más grave. Pero la trampa en la que Claire cayó funciona muy a menudo.

Caen en esta trampa cuando creen que las personas pueden ser corregidas.

Ellos creen que debe haber una cierta fórmula. Medicamento . Una cierta solución instantánea que resolverá su problema, ya sea en ellos mismos o en su relación con los demás.

Gema de la Sabiduría

Deje de buscar soluciones rápidas para problemas complejos y prolongados.

Las personas son incorregibles31

Déjame decirte en caso de que tú mismo no lo hayas notado todavía: las personas no son máquinas. Puede cambiar una parte de un automóvil o una computadora y funcionará bien nuevamente, pero los humanos son un poco más complicados. Entonces, una vez que comienzas a tratar de "arreglar" a los demás oa ti mismo, estás en problemas.

El problema es este. Estamos tan acostumbrados a arreglar varios objetos que empezamos a creer que podemos hacer lo mismo con las personas.

En realidad no lo es.

Si tiene problemas con su teléfono, puede llamar a la línea directa y seguir las instrucciones paso a paso hasta que se resuelva el problema. ¡Voila! Tu problema se resolvió antes de que te dieras cuenta. Siga cuidadosamente las instrucciones para ensamblar los muebles, y pronto ante sus ojos habrá un mueble de televisión ensamblado a mano con estantes que combinan con el color y el tamaño (aunque, para ser honesto, los gabinetes de televisión que ensamblé se parecen más a un armario doble) .

Cuando se trata de relaciones entre personas, no se pueden encontrar instrucciones. La religión puede sugerir principios a seguir en este asunto, pero no le proporcionará guías paso a paso. Si hubiera un manual sobre cómo tratar a las personas, sería increíblemente extenso.

¿Por qué?

Porque somos complejos. Porque somos volubles. Podemos reaccionar ante un mismo evento de diferentes maneras dependiendo de nuestro estado de ánimo y el momento.

32 Parte I . parar y entender

En el proceso de nuestra interacción con otras personas puede surgir una confrontación de culturas, ideas y personajes.

La realidad es que no podemos dirigirnos a todas las personas de la misma manera y esperar la misma respuesta de todos. Me temo que la vida real está lejos de cumplir con tales expectativas.

Gema de la Sabiduría

No ceder tentación usar universal acercamiento a todas las personas.

Así que deja de intentar arreglar a los demás. Deja de buscar este mágico plan de tres puntos que garantiza la solución a todos tus problemas. Aunque muchos escritores y conferencistas prometen soluciones similares a sus lectores y oyentes.

Creo que están equivocados.

Sí, los consejos, las ideas y los principios

son muy útiles.

Sí, ciertas sugerencias pueden ser útiles.

Sí, las técnicas específicas pueden aumentar las posibilidades de éxito.

Pero no nos engañemos pensando que el éxito está garantizado.

Estamos tratando con personas.

Ni con los coches ni con los móviles.

Por lo tanto, los muchos consejos que encontrarás en este libro, si te tomas el tiempo de leer, te ayudarán, pero no nos engañemos, BECK

Las personas son incorregibles33

que para cualquier problema hay una solución sencilla.

No siempre está disponible. Y la gente no se puede arreglar.

La ayuda es posible.

Contribuir a la aparición de una nueva mirada al problema, probablemente.

Motivar es posible. Involucrarse en cualquier cosa - hay posibilidades.

Para ayudar a entenderlos mejor, por supuesto.

La buena noticia es que podemos aumentar en gran medida la probabilidad de lograr todo lo anterior. Sin embargo, nunca olvides que...

...no puedes controlar a la gente. Pero usted puede hacer mucho para influir en ellos.

Ah, sí, y el último. Los humanos nunca serán tan simples como las máquinas.

Nunca.

La mayoría de las personas sufren de SDS

¿Ha habido casos en tu vida en los que, habiendo conocido a una persona durante muchos años, de repente te diste cuenta de que lo conoces muy bien, pero él sabe muy poco de ti? ¿Ha habido casos en tu vida en los que te hayas interesado en una persona cómo pasó el fin de semana, y en respuesta ni siquiera pensó en preguntarte cómo lo pasaste?

¿Conoces a un colega cuyas formas de comunicación son similares a las de Genghis Khan, y él ni siquiera lo sabe?

¿Tiene un amigo que constantemente termina sus... oraciones por usted... y la mayoría de las veces incorrectamente?

¿Tiene un colega con la mala costumbre de persuadir a todos en las reuniones generales de que tiene razón, que, según le parece, no ha escuchado a nadie más que a sí mismo durante toda su vida?

¿Tienes un amigo que puede dar consejos a todos menos a sí mismo?

¿Tu respuesta es positiva?

Entonces lo más probable es que te hayas encontrado con personas que sufren de SDS - Síndrome de Déficit de Introspección. Como para Bezu, el mismo nombre de este síndrome (me apresuro a señalar que este no es un término médico oficial) sugiere que

La mayoría de las personas sufren de SDS37

que la persona que la sufre está en la bienaventurada ignorancia.

Tal persona ignora por completo que su comportamiento puede ser considerado reprobable por otros.

No tiene idea de cómo su comportamiento afecta a otras personas.

¿Y sabes qué?

La probabilidad de que esas personas decidan leer este libro y encuentren signos de SDS en su comportamiento es pequeña en la medida en que se acerque a cero. E incluso si, por suerte, empiezan a leer este libro (lo más probable es que se lo regale su jefe, amigo o pareja), la probabilidad de que se reconozcan en esta descripción seguirá siendo insignificante.

Lo cual, irónicamente, es en sí mismo uno de los principales signos de SDS.

Usted está leyendo este capítulo probablemente pensando en sus conocidos que sufren de SDS, ¿verdad?

Pero antes de volver a acomodarse en su cómodo sillón de complacencia, piense en lo siguiente...

Usted mismo puede ser propenso a episodios de SDS. Al menos hasta cierto punto.

Pero antes de que comiences a resentir tales afirmaciones sin fundamento, comprende que todos tenemos nuestro propio "punto ciego".

Sí, incluso tú. ¡Y yo tengo (yo, que acuñé él mismo el término SDS)!

38 Parte I . parar y entender

Ahora bien, hay que decir que algunas personas desarrollan la introspección mucho mejor que otras.

Hay profesiones cuyas características incitan a la gente a la introspección. Estas son, por ejemplo, las profesiones de consultor, maestro, médico. Y supongo que la lista continúa.

En varias organizaciones con las que trabajo, no solo los gerentes escriben reseñas sobre el trabajo de sus empleados, sino también viceversa: los empleados expresan su opinión sobre el trabajo de los gerentes. Esto se hace con el fin de fomentar el desarrollo de la introspección. Comentarios como este no siempre son positivos, pero ayudan a las personas a pensar en su comportamiento y a comprender cómo lo perciben los demás.

Este procedimiento tiene como objetivo no solo señalar a las personas sus errores, sino también obtener una opinión objetiva sobre ti mismo, incluyendo información sobre muchas de tus virtudes que quizás no notes.

Finalmente, todo lo descrito anteriormente puede ayudarnos a desarrollar cierta inmunidad a SDS. Sin embargo, le espera el siguiente grano de sabiduría, que tendrá que ser considerado y digerido...

Gema de la Sabiduría

Rara vez nos vemos como nos ven los demás.

Como muchas otras enfermedades, SDS tiene varios grados de gravedad. En los casos más severos, la falta de habilidades de comunicación e introspección, que parece enorme, puede deberse a razones médicas, por ejemplo, esto puede ser el resultado de una enfermedad de algún

La mayoría de las personas sufren de SDS39

rym formas de autismo (que en ciertas situaciones pueden no ser detectadas).

Pero a veces todos podemos sufrir SDS, aunque sea en su forma más leve.

Puede pensar que su nivel de introspección es más alto que el de la mayoría de las personas que conoce, y el hecho de que haya dedicado tiempo a pensar en la pregunta "¿Cuánto autoanálisis soy?" . El segundo indicador puede ser el hecho de que dedicas tiempo a leer este libro.

Sí, estas son buenas señales, pero pueden no significar que su nivel de introspección sea alto y que realmente se evalúe a sí mismo y su impacto en los demás.

Puede caer en la trampa de tragarse lo que ha dicho y creer que la adquisición misma del conocimiento es la clave del éxito en el trato con la gente.

Esto no es verdad .

Lo que importa es cómo usas este conocimiento.

El conocimiento es sólo teoría. Y sólo cuando decides empezar o -lo que a veces no es menos importante- terminar de hacer algo con él, empiezas a recoger los frutos de tu conocimiento.

Por lo tanto, recuerde que incluso si puede distinguir entre personas que claramente sufren de DFS grave, esto no lo salvará de la exposición a síntomas leves.

Este pensamiento ayudará a entender por qué algunas personas son extremadamente difíciles de tratar y, al mismo tiempo, nos ayudará a no olvidar que ninguno de nosotros está suficientemente protegido de este síndrome y que todos necesitamos ayuda para mejorar.

40 Parte I . parar y entender

pequeña prueba

1. ¿Cuándo fue la última vez que le pediste a un ser querido que compartiera tu opinión sobre la impresión que les das a ellos y a los demás?
2. Pide a seis personas que conozcas que te describan en diez palabras. Reflexione sobre estas palabras y considere si sus

43

Algunas personas son como una bombilla

Durante mi educación, estudié para ser oficial de libertad condicional* por un tiempo. Las personas en sí y la forma en que se comportan me fascinan. Sin embargo, después de estudiar durante cuatro años, decidí que no quería hacer esto.

Había muchas razones para eso. Pero cuando estaba buscando otro trabajo, no tenía ganas de enumerarlos a los reclutadores durante las entrevistas de trabajo. Ya caí en esta trampa, cuando durante tales reuniones me hicieron preguntas no sobre el trabajo, dónde quería conseguir un trabajo, sino sobre por qué una parte de la humanidad comete crímenes y por qué me parece que no soy adecuado para trabajar con gente así. .

Así que ideé un inteligente plan de acción que respondería rápida y concisamente a la pregunta de por qué no quería ser oficial de libertad condicional.

Se veía así...

Entrevistador: Entonces, ¿por qué no

quiso elegir una carrera como oficial de libertad condicional?

Yo: Bueno, puedo responder a tu pregunta reformulando un poco el viejo chiste:

---

*Un servicio cuyas funciones incluyen asegurar el control de las personas en libertad condicional y asistir en la adaptación social de las personas liberadas de los lugares de detención. — Aprox. por.

Algunas personas son como bombillas43

— ¿Cuántos oficiales de libertad condicional se necesitan para cambiar una bombilla?

— Una . Pero solo si la bombilla misma quiere cambiar.

Sospecho que después de leer esto, no te doblaste de la risa y te preguntaste por qué este hombre aún no ha creado su programa de comedia. Soy lo suficientemente inteligente como para saber que mi repentina aparición en la escena de la comedia no pondrá patas arriba el mundo del humor.

Pero ese es el punto.

No sé si la razón fue la profunda sorpresa de que dije algo absolutamente sin gracia, o la sensación de que dije algo extremadamente reflexivo y, en consecuencia, mis interlocutores no querían parecer estúpidos. Pero la mayoría de los entrevistadores sonrieron después de esa respuesta (bueno, un poco...) y pasaron a la siguiente pregunta.

Mi astuto plan funcionó. Vi el resultado.

¿Cuál es el propósito de esta anécdota aquí?

Para mostrar que algunas personas son como bombillas. Realmente se niegan a cambiar.

Y si quiere tener éxito con la gente, no pierda una gran cantidad de tiempo y energía tratando de cambiar a las personas que no quieren cambiar.

Por supuesto que puedes intentarlo. No por mucho tiempo . Pero ten cuidado.

44 Parte I . parar y entender

Gema de la Sabiduría

No se deje engañar pensando que automáticamente puede tener éxito donde todos los demás han fallado.

En pocas palabras, ¡no se golpee la cabeza contra la pared!

Entonces, ¿por qué algunas personas pueden actuar como una bombilla que no quiere cambiar?

Hay dos razones para esto.

una . Quieren sobresalir. Les gusta comportarse de manera diferente a los demás y siempre adoptarán el punto de vista opuesto. Hacen esto no porque realmente lo piensen, sino porque necesitan atención y un sentido de su propia importancia. Incluso les puede gustar agitar a otros. ¿Conoces gente así? Recuerde que las personas se comportan de maneras que satisfacen sus propias necesidades.

Gema de la Sabiduría

Todos necesitamos sentir nuestra propia importancia; es solo que algunas personas, en la búsqueda de este sentimiento, arruinan las relaciones con los demás.

2.Las ideas de algunas personas sobre el mundo y la vida en general son muy estables. Ellos saben lo que creen; saber lo que es bueno y lo que es malo. Y detrás de esta creencia puede haber una sincera sensación de seguridad y protección. La gente se siente más cómoda así. Lo último que quieren es que sus ideas sobre la vida sean puestas a prueba o que el mundo que han creado esté desequilibrado.

Entonces, ¿por qué esas personas deberían abrirse al cambio? ¿Por qué explorar nuevas posibilidades? ¿Por qué exponerse a la incomodidad?

Algunas personas son como bombillas45

Será mucho más seguro mantenerse firme por su cuenta. Resistir. Sea escéptico de todo.

Verás, a veces se necesita coraje para cambiar. Admitir que estás equivocado requiere humildad. Y algunas personas simplemente no tienen el coraje o la humildad para hacerlo.

¿Suena rudo?

Quizás . Pero esto puede explicar por qué algunas personas son como bombillas.

Gema de la Sabiduría

Recuerda, la terquedad humana es una elección. Esto no es una enfermedad.

Hay algo positivo en esto: las personas no tienen por qué seguir siendo "bombillas". Pueden cambiar. Pero hay una condición: deben quererlo ellos mismos. Recuerde, cambiarán por sus propios motivos, no por su voluntad. Y, tal vez, lo harán solo si se les ayuda.

Existe la posibilidad de que el comportamiento de "bombilla" de algunas personas sea transitorio. Por lo tanto, ayudarlos a satisfacer su necesidad de sentirse importantes y brindarles el máximo apoyo durante los momentos de cambio puede conducirlos al éxito. Su reconocimiento de su falta de voluntad para cambiar también puede ayudar. Así que busca en los capítulos restantes de este libro cosas que pueden ayudarte a excitar a la gente. Como verá, el problema es probablemente que presionó el interruptor equivocado. Y lo que encontrará aquí en este libro puede ayudarlo a hacer las cosas bien.

Comida para el pensamiento

¿Qué tan firme crees que eres en tus convicciones? ¿Cambia fácilmente de opinión sobre algo o alguien? ¿Puedes pensar en un momento en que cambiaste de opinión acerca de una persona o situación?

¿Por qué la gente inteligente hace cosas estúpidas?

¿Alguna vez ha comentado sobre el comportamiento de una persona de la siguiente manera: "Nunca se me ocurrió que pudiera comportarse tan estúpidamente"?

¿Alguna vez te has dicho a ti mismo: "No puedo creer que haya hecho esto. ¿En qué estaba pensando?

¿O tal vez usted en alguna situación no pudo entender por qué las personas no ven la solución obvia al problema cuando está justo debajo de sus narices?

Definitivamente he tenido tales casos.

Parte de mi profesión es la consultoría. La mayoría de las veces, ayudo a las personas a descubrir cómo pueden tener éxito como presentadores de radio o televisión, pero a veces los consejos se centran en resolver problemas específicos que enfrentan las personas en su vida profesional o personal.

Me di cuenta de una característica interesante.

Cuando estoy involucrado emocionalmente en un problema que me están contando, es decir, cuando está relacionado con mi trabajo, mi equipo, mis clientes, cuando está relacionado con mi vida personal, pierdo la claridad de la imagen.

Es como si los cristales de mis gafas se empañaran constantemente.

Por qué la gente inteligente hace cosas estúpidas 49

En tales casos, mis sentimientos parecen estar secuestrados. Todos los pensamientos están confusos en mi cerebro, y la solución al problema, que parece obvia para otra persona, para mí asoma en algún lugar lejano y se escapa constantemente.

La falta de sueño que a menudo provoca este estado de ansiedad exacerbará aún más nuestra incapacidad para pensar racionalmente. La fatiga puede conducir a decisiones terribles.

Es por eso que las personas que parecen inteligentes, inteligentes y exitosas hacen cosas estúpidas. Es por eso que las personas inteligentes, comprensivas y exitosas pasan por alto lo obvio.

Así, cuando no somos indiferentes al problema que nos ha surgido, cuando estamos agotados física o emocionalmente, nuestra capacidad para tomar decisiones inteligentes pasa a un segundo plano. Y su lugar lo ocupa esa parte del cerebro que es responsable de las emociones, y asume con confianza las funciones de control sobre la toma de decisiones. A veces esto lleva a consecuencias desagradables.

Gema de la Sabiduría

Sus emociones pueden interponerse en la solución del problema.

Por lo tanto, a menudo no vale la pena golpear mientras el hierro está caliente, porque si lo hace, existe una alta probabilidad de que alguien se queme (quizás debería volver a leer la oración anterior. Este consejo puede ahorrarle mucho del sufrimiento futuro).

Recuerde, cuando se sienta enojado, triste o simplemente no esté de humor, su nivel de ingenio rápido disminuirá notablemente. A menudo sucede que cuando nos

emocionalmente estresados, estamos buscando una solución rápida a un problema complejo. Nuestro cerebro nos hace no pensar, sino actuar.

¿A qué puede conducir todo esto?

Los padres pueden someter a sus hijos a un castigo totalmente inadecuado e injusto: "Estás bajo arresto domiciliario durante tres meses".

Los gerentes primero dicen y luego piensan: "Para que no lo vuelva a ver aquí".

Los compradores pueden reaccionar de forma exagerada ante un incidente menor y comenzar un litigio largo y masivo para probar su caso.

¿Has experimentado alguno de los anteriores? Entonces familiarícese: este es el mundo de las personas. No todo es tan simple aquí, ¿verdad?

Así que no se deje engañar por nuestro progreso tecnológico y el aumento de los niveles de vida. En algún lugar de lo más profundo de nosotros mismos, descubrimos un parecido sorprendente con nuestros antepasados lejanos.

Gema de la Sabiduría

Nuestras habilidades de comunicación pueden haber evolucionado, pero a veces no se puede decir lo mismo de nuestra forma de pensar.

Por lo tanto, les pido, en ningún caso, no piensen que todo está sujeto a la lógica.

Esto no es verdad .

Y no solo las personas que te rodean están sujetas a episodios de comportamiento ilógico. Esta variedad de pensamiento y comportamiento ilógico e irracional es

y tu mismo Por supuesto, nuestra "estupidez" se ve agravada principalmente por las drogas y el alcohol, pero el estrés severo también puede tener las mismas consecuencias.

No exageraré si digo que el estrés te vuelve estúpido.

Lo mismo ocurre con los sentimientos opuestos: una gran emoción puede hacer que hagamos una promesa precipitada o que tomemos una decisión precipitada cuando nuestras emociones están en su apogeo. Aunque luego nos lamentemos, en esta etapa puede intervenir el orgullo, que no nos permitirá retractarnos de las promesas hechas en el fragor del momento y de las decisiones tomadas.

Podemos convencernos de que repensar nuestra decisión puede parecer una estupidez. De hecho, pareces estúpido si te niegas a cambiar de opinión, admitiendo que actuaste imprudentemente. El peligro surge cuando dejamos que nuestras emociones se apoderen de nuestro proceso de toma de decisiones.

Gema de la Sabiduría

Nunca olvides que las personas inteligentes pueden hacer estupideces.

A medida que siga leyendo, busque consejos que le ayudarán a controlar sus emociones y, por lo tanto, será menos probable que actúe precipitadamente

Comida para el pensamiento

Si ya ha sobrepasado sus límites con cierta persona, ¿qué pasos tomará para evitar que una situación similar vuelva a ocurrir en el futuro?

cuando trate con otras personas.

Obtienes lo que estás dispuesto a soportar

Recuerdo tomar cursos de administración para graduados hace muchos años. Fui uno de los pocos elegidos a los que se les dio la oportunidad de tomar este curso, sin duda extremadamente prestigioso. Durante dos semanas estudiamos modelos (es decir, modelos de procesos de negocio), así como teoría y filosofía de gestión. Hicimos juegos de rol y una vez incluso saltamos de un poste de telégrafo de 12 m (con cinturón de seguridad, por supuesto).

A veces era divertido.

A veces sentí que estaba más allá de mi comprensión.

Y a veces me preguntaba cómo este conocimiento podría serme útil en el mundo real. Cuando miro hacia atrás en estos cursos, solo me viene a la mente una cosa: cómo salté de ese poste de telégrafo.

Al mismo tiempo, no puedo recordar un solo consejo o dicho sabio que sonó allí que me sería útil más adelante. Durante el tiempo que estuve en el curso, no aprendí nada nuevo sobre mí mismo, excepto que si me daban registros contables, los miraría como si fueran manuscritos hebreos antiguos y perdidos hace mucho tiempo.

Obtienes lo que estás dispuesto a soportar

No me sentía preparado de ninguna manera para una carrera gerencial. Solo me decepcionó que pasé dos semanas en estos cursos y obtuve tan pocos beneficios de ellos. Me parece que fue un absoluto desperdicio de los fondos de la empresa y de mi tiempo.

Me pregunto si ha habido casos similares en tu vida. Espero que no .

Ahora avancemos unos años. A pesar de la mala experiencia, todavía tenía ganas de mejorar y decidí asistir a un taller de un día en el Reino Unido organizado por una empresa estadounidense llamada CareerTrack. Por una tarifa relativamente pequeña, uno podría asistir a este seminario sobre los siguientes temas:

"Cómo brindar a los clientes un servicio perfecto" y "Cómo disciplinar a los subordinados y tratar los problemas de desempeño". (Título tentador, ¿no? Apuesto a que te arrepientes de no haber asistido a ese seminario, ¿verdad?)

Éramos unos 100, y estábamos sentados en una sala de conferencias de un hotel, escuchando cómo un chico de Estados Unidos nos cuenta con entusiasmo sobre su familia y sobre en qué estado estadounidense nació. Recuerdo mis pensamientos de que si todo continúa en este espíritu, entonces esta vez al menos no desperdiciaré dos semanas de mi vida, sino solo un día.

Y luego sucedió.

Harry Chambers, uno de los oradores, comentó en un tono casi casual: "Tal vez deberías escribir el siguiente pensamiento. Si trabajas en el campo de la administración, probablemente esto te sea útil.

Harry luego hizo dos declaraciones. Han

pasado unos 20 años desde ese momento, pero nunca olvidaré estas palabras. Quedan grabados para siempre en mi memoria. Espero que también estén impresas en la tuya, porque si lo hacen, sin duda afectarán tus relaciones con las personas.

¿Listo?

Bueno. Entonces adelante.

"Si toleramos cierta acción (o comportamiento), entonces la permitimos".

Y el siguiente...

"Mi silencio, negación o ignorancia es consentimiento a una acción".

Las declaraciones son simples. Pero extremadamente influyente.

No hay teoría de gestión complicada para leer, no hay cuestionarios confusos. De hecho, solo pasé un par de minutos escribiendo estas declaraciones. Pero sigo pensando en ellos.

Mirando hacia atrás, entiendo que estas son verdades comunes. Pero no siempre vemos lo obvio, ¿verdad? Así que tomemos un poco de tiempo para analizar cada una de estas declaraciones y ver cómo se relacionan con nuestra vida diaria.

Comencemos con el primero: "Si toleramos cierta acción (o comportamiento), entonces la permitimos".

Si toleras que las personas lleguen constantemente tarde sin tomar ninguna medida, ¿adivina cómo se desarrollarán las cosas?

Obtienes lo que estás dispuesto a soportar

Tolera el comportamiento de una persona que constantemente te condena, y lo seguirá haciendo.

Tolera el comportamiento de las personas que no están trabajando a su máximo potencial en tu equipo, y no tendrán motivos para cambiar.

Tolera el mal servicio y lo seguirás recibiendo.

Tolere el comportamiento de un ser

querido, incluso si le causa dolor, y obtendrá un círculo vicioso.

Así es como funciona todo. Sencillo y claro.

Gema de la Sabiduría

Obtienes lo que estás dispuesto a soportar. Los problemas siguen existiendo a medida que nos acostumbramos a ellos.

La pregunta es, ¿estás satisfecho con lo que aceptas soportar en este momento? ¿O simplemente te estás quejando mientras continúas humildándote?

Ahora pasemos a la siguiente afirmación: "Mi silencio, negación o ignorancia es consentimiento a la acción". Pensemos en esto por un rato.

En resumen, la realidad es que tu inacción todavía da sus frutos. La inacción todavía significa acción.

Te hace pensar, ¿no?

Gema de la Sabiduría

Tu silencio puede hablar más fuerte que las palabras.

Entonces, ¿estás satisfecho con los mensajes que envías a los demás sin decir nada y sin hacer nada?

¿No te preocupa cómo esto podría afectar la forma en que las personas te tratan como resultado?

Si todo te conviene, bien. Es tu elección .

Pero te pido en este caso que no te quejes, que no te quejes y que no te ofenda la gente (ni la empresa), si estás dispuesto a una sola cosa...

...a la inacción absoluta.

Gema de la Sabiduría

Por mucho que le gustaría, la gente no puede leer la mente.

A veces las personas se encuentran en un estado de feliz ignorancia, completamente inconscientes del impacto que su comportamiento tiene sobre ti y sobre todos los demás. Y la probabilidad de que algo cambie es pequeña si permaneces en silencio e inactivo.

solo por favortú, no me malinterpretes. No quiero decir que las personas cambien instantáneamente si contrarresta su comportamiento (y, como veremos más adelante, existen métodos de diversos grados de efectividad para tales casos), pero puede comenzar. Como mínimo, le harás saber a la gente que el problema existe. Quizás, después de esto, será necesario poner en marcha muchas cosas, pero, sin embargo, la burbuja inflada no explotará y será posible lidiar con lo que estaba escondido en ella. Como beneficio adicional, tendrá la oportunidad de activar la ira y el resentimiento potenciales que están creciendo dentro de usted.

Cuando dejas de ser paciente y empiezas a hablar, preparas el camino para experiencias mejores y quizás más agradables.

Obtienes lo que estás dispuesto a soportar

relaciones Y al hacer esto, es más probable que tenga éxito en las relaciones con las personas.

> **Comida para el pensamiento**
>
> ¿Tienes un amigo cuyo comportamiento has tolerado durante demasiado tiempo? ¿Estás listo para seguir aceptando las consecuencias de tu inacción o es hora de desafiarlas?

La humillación de la gente es para

aficionados.

Al final de una de mis presentaciones de negocios, tres jóvenes gerentes reclamaron mi atención con mucha insistencia. Tuvieron un problema con un colega llamado Barry. De todos los empleados, Barry parece haber sido el más problemático. Los gerentes me dijeron que a lo largo de los años que trabajaron juntos, intentaron todas las formas posibles de mejorar su productividad y actitud. Esperaban que al contarles brevemente sus desventuras con Barry, recibirían un sabio consejo de mí o una regla de oro que cambiaría instantáneamente el comportamiento de Barry.

Es justo decir que la idea que estas personas tenían de mí no era realista, lo cual, sin embargo, es un error bastante común. Algunas personas parecen creer que si yo escribo libros y tú hablas en conferencias, automáticamente me convierto en una especie de gurú mago, capaz de revelar antiguos secretos y sabiduría, hasta ahora desconocidos para la humanidad.

Desafortunadamente, no lo es.

Lo siento mucho, porque de alguna manera me metí en esta idea.

La humillación de la gente es para aficionados. 63

En cualquier caso, mis gerentes, eufóricos por falsas esperanzas, pero oprimidos por un gran problema, decidieron tomar el toro por los cuernos.

— BECK, entonces qué, en su opinión nosotros deber que ver con Barry?

Traté de hacer que mi cara pareciera un gurú y, para ganar tiempo, decidí responder la pregunta con una pregunta:

— ¿Cuál ha sido tu acercamiento a Barry hasta ahora?

— Bueno, la más obvia.

— ¿Lo mas obvio?

— Bueno, sí, tratamos de humillarlo.

Aunque estaba ocupado tratando de averiguar si había oído mal, logré murmurar otra pregunta y así evitar que mi imagen del gurú perdiera la cara:

— ¿Te ayudó?

— Honestamente, BECK este barry, parece, convertirse solo funciona peor.

— ¿En serio? Respondí, tratando de no mostrar mi asombro, ya que tal trato a un empleado era absolutamente inaceptable e ineficaz.

Sin embargo, nuestra conversación me hizo pensar. ¿Cómo podrían los gerentes pensar que la humillación es vista como la forma más obvia de salir de la situación?

Quizás estos gerentes simplemente estaban repitiendo accionesaquellos,cuandosobrepensamiento yimagenztsamidlyoimitaciones... Quizásser - estar, antes deestesobreyXdar a luzabeto,enseñarcomiólimoy

64 Parte I . parar y entender

¿Usaron los líderes una estrategia similar al tratar con ellos? ¿Quizás han sido testigos de la aplicación de este método a otros?

Cualesquiera que sean las razones, aclaremos la situación. La humillación en las relaciones humanas es el sello de un dictador brutal, una persona con problemas de autoestima; indica una completa falta de experiencia y conocimiento de cómo se debe tratar a las personas.

Gema de la Sabiduría

Humillar a alguien no es una indicación de tu fuerza, sino de tu debilidad.

Al recurrir a la humillación, se actúa como si para romper una nuez se intentara arrollarla con un tanque, ejercicio inútil, innecesario y absolutamente destructivo.

Lo mismo sucede con las personas. La humillación intencional no es un motivador para la acción que desea que la persona tome; por el contrario, prepara el escenario para la ira, el resentimiento y tal vez incluso la venganza en el futuro.

En diciembre de 2008, Phil Brown, entonces entrenador del Hull City Football Club, vio cómo su equipo perdía 0-4 ante el Manchester City en la Premier League inglesa. El entrenador enfurecido en el medio tiempo decidió tener una charla con los jugadores en la cancha frente a los asientos de los fanáticos de Hull City. Posteriormente, los jugadores calificaron la conversación educativa con el entrenador frente a sus propios fanáticos como el acto más humillante.

Antes de ese partido, los resultados del

torneo del equipo fueron los siguientes. Total de juegos - 18, victorias - 7, empates - 5,

La humillación de la gente es para aficionados.

derrotas - 6, lo que dio un total de 26 puntos. Durante los siguientes 20 partidos, Hull City ganó solo un juego con 14 derrotas y 5 empates. Es decir, tras recibir una paliza pública, el equipo consiguió sumar sólo 8 puntos.

Si hubieran tenido un punto menos, habrían perdido su lugar en la Premier League.

Algunas personas experimentan una sensación de humillación por un acto que han cometido o por un error que ha ocurrido por su culpa. En determinadas situaciones, este sentimiento anima a las personas a esforzarse para que esto no vuelva a suceder en el futuro. Sin embargo, esta forma de humillación proviene de la persona que cometió el delito. Este caso es diferente de aquellas situaciones en las que eres humillado por otra persona.

Si necesitas tener una conversación seria con alguien, recuerda esto: no solo las palabras que elijas son de gran importancia en esta situación, sino también el lugar de la conversación, así como la composición de los presentes en esta conversación.

Dado que una vez trabajé en los países de la región del Lejano Oriente, soy plenamente consciente de la importancia que se le da a "salvar las apariencias" en la cultura asiática. En otras palabras, debes hacer todo lo posible para asegurar que la otra persona mantenga su dignidad, especialmente si hay extraños presentes.

Sin embargo, no asuma que esta regla no existe en la cultura occidental.

La realidad es que a nadie le gusta verse estúpido sin importar en qué país viva.

66 Parte I . parar y entender

Una de las necesidades humanas básicas es la necesidad de sentirse competente, útil y apreciado.

Por lo tanto, si desea influir en las

personas, anímelos a tomar una determinada acción, persuadirlos para que acepten su punto de vista, nunca use la humillación.

Gema de la Sabiduría

Solo los payasos quieren parecer estúpidos.

Si vas a decir algo desagradable a una persona o criticarla, primero responde las siguientes preguntas:

— ¿Todavía tendré el deseo de decir esto mañana?

— ¿Qué quiero lograr con mis palabras?

— ¿Soy consciente del impacto de mis palabras?en esta persona y cuánto durará?

— ¿Cuál es el mejor lugar para mí para tener una conversación?

— Quién debe o no debe estar presente durante¿conversación?

Hay personas que son más flexibles que otras. Cualquier crítica parece rebotar en ellos. Pro pasa sin tocar. Sin embargo, la humillación afecta a una persona más que la crítica. Ataca directamente a la autoestima. Lastima el orgullo de la gente. Penetra hasta el mismo corazón.

El sentimiento de humillación literalmente puede aplastar psicológicamente a las personas, especialmente si ya han experimentado algo similar y son muy sensibles a cualquier crítica. Si el que es humillado está en un carrito de niños

La humillación de la gente es para aficionados.

crecer, y el padre lo expone a la humillación, las consecuencias a las que esto conducirá pueden no pasar por mucho tiempo.

Entonces, asegúrese de leer el capítulo "Cómo no convertir la crítica en tortura" y analice los motivos que lo impulsan a hablar con franqueza con una persona. ¿Ser honesto te ayudará o lastimará a la otra persona?

Para asegurarse de que su conversación sincera no parezca un insulto y, al mismo tiempo, para suavizar sus críticas, intente utilizar algunas de las siguientes técnicas en una conversación.

Primero, si no quieres estar de acuerdo, puedes usar la siguiente frase: "¿Te importa si asumo el papel de 'abogado del diablo' por un tiempo?" Esto introducirá un nuevo personaje en su conversación. Al comenzar su comentario de esta manera, básicamente está obteniendo el consentimiento de la otra persona para discutir su punto de vista, mientras habla no en su propio nombre, sino en nombre del "abogado del diablo". Es mucho más fácil estar en desacuerdo con el punto de vista de la otra persona al asumir ese papel, ya que te ayuda a eliminar la conexión entre tu personalidad y lo que estás diciendo.

En segundo lugar, recuerde que es más fácil para las personas (no fácil, sino más fácil) y mejor cuando ellos mismos pronuncian palabras que son desagradables para ellos y no las escuchan de otra persona.

Entonces, en lugar de decirle directamente a la gente lo que piensas de ellos, solo pregunta:

"¿Qué has aprendido de esta lección?" Luego sigue esta pregunta con lo siguiente:

"Si pudieras hacer la misma acción otra vez, ¿qué harías diferente?"

Si obtiene la respuesta "nada" a esta pregunta, significa que su problema es más grave de lo que imaginaba. Su interlocutor no solo es incompetente, sino que lo ignora por completo (y posiblemente sufra de SDS; consulte el capítulo

"¡La mayoría de las personas sufren de SDS")! Francamente, tales casos son raros, porque tales preguntas dan a las personas la oportunidad de analizar su comportamiento y, si el resultado es exitoso, cambiarlo cuando se presente la oportunidad. Como ahora los ha puesto en el camino correcto, le será más fácil controlar sus ideas y planes, así como también darles consejos. De esta forma, las personas sentirán que les hablas con tranquilidad y no las criticas.

Finalmente, hay otra estrategia que personalmente encuentro extremadamente útil en una situación difícil y, a veces, incómoda. Para mantener intacta la autoestima de tu interlocutor, puedes hacerle la siguiente pregunta:

"¿Qué harías si estuvieras en mi lugar?"

Esta pregunta también le da a la otra persona la oportunidad de pensar en una forma de salir de la situación, e incluso si no puedes aceptar completamente su respuesta, no se sentirá como un niño mimado.

Toma lo anterior con toda seriedad. Tanto en el caso de los niños pequeños como en el caso de tus compañeros adultos, el resentimiento causado por la humillación puede traer consecuencias desagradables no solo para ellos, sino también para ti, y será muy difícil eliminar estas consecuencias. La gente a veces necesita dificultades. Las personas pueden necesitar una llamada de atención. Pero no necesitan humillación. Nunca .

La humillación de la gente es para aficionados. 69

Comida para el pensamiento

¿Cuál de las tres estrategias - para convertirse en "abogado del diablo", preguntar "¿Qué has aprendido de esto y qué harías diferente?" o "¿Qué harías tú en mi lugar?" ¿Elegirías ayudar a otra persona en lugar de humillarla?

Ser "linda" no siempre ayuda

En el mundo de las relaciones humanas existe el mito de que siempre se debe tratar bien a las personas. No estoy defendiendo que seas una mala persona, solo estoy sugiriendo que una de las razones por las que podrías tener problemas para relacionarte con las personas es porque estás siendo demasiado amable con ellas.

Dejame explicar.

Una vez hablé con una mujer que sufría por el hecho de tener un nuevo jefe en el trabajo. El ambiente de trabajo se deterioró de inmediato, e inmediatamente llegué a la conclusión de que esto era el resultado de la falta de capacidad de la jefa para motivar a sus empleados y tratarlos adecuadamente.

Estaba equivocado . Al menos hasta cierto punto.

Los empleados realmente no tenían un incentivo para trabajar, pero la razón de esto no era lo que podrías pensar.

La profesionalidad del nuevo jefe estaba en un alto nivel. Se enteró por sus empleados de las razones de su tardanza y retrasos después de los descansos. Esperaba que dieran todo de sí y celebraba reuniones periódicas.

*Ser "linda" no siempre ayuda*73

Para los empleados, el comportamiento del nuevo jefe fue un verdadero shock, ya que tal actitud hacia ellos era fundamentalmente diferente a la actitud del líder anterior, quien, en el mejor de los casos, se caracterizaba por ser una persona "despreocupada y bonachona".

A los empleados no les gustaba el nuevo jefe. Algunos, para el momento de su aparición, ya habían logrado introducir en su cotidianidad la costumbre de pernoctar de viernes a sábado en fiestas, y los sábados por la mañana llamarse y presentarse como "un poco frío". Mientras que el jefe anterior aceptó esta explicación y les aconsejó que no se preocuparan por eso, el nuevo jefe no soportó este comportamiento. Si bien no acusó a los empleados de mentir, no mostró simpatía e hizo todo lo posible para mostrarles las consecuencias que su ausencia causó en los resultados de todo el departamento. Aparentemente, las cosas llegaron al punto en que algunos empleados comenzaron a pensar en renunciar y buscar un trabajo en el que pudieran sentirse más cómodos.

El ex líder podría ser descrito como

"chica". Ciertamente despertó la simpatía de sus subordinados. Sin embargo, su departamento trabajó a toda máquina.

Los empleados abusaron francamente de la naturaleza tranquila y pacífica del jefe.

Gema de la Sabiduría

Si el objetivo principal de tu vida es volverte popular, pruébate como la fabulosa Blancanieves.

En realidad, todo se parece a esto.

74 Parte I . parar y entender

Si necesita cambiar su vida para mejor, debe comprender que al lograr su objetivo, no podrá hacer que todos lo amen. A veces, no le agradará, como el jefe en el ejemplo anterior. Y eso está bien. Como dice el escritor Rob bin Sharma:

Gema de la Sabiduría

Las personas que sienten la necesidad de complacer a todos no cambiarán el mundo.

Fuertemente dicho, ¿no?

Tratar de complacer a todos también puede hacer que las personas malinterpreten o malinterpreten tu comportamiento.

Permítanme explicar esta tesis.

Cuando las personas amables se encuentran en una situación en la que incluso tienen que criticar el comportamiento de alguien, el significado de su mensaje puede perderse en un océano de charla diplomática vacía diseñada para no ofender a nadie. Me refiero a algo como esto (estoy exagerando para que quede más claro):

"Buenas tardes, disculpe la molestia. Sólo quería saber

a su conveniencia,

si no te molesta mucho, podrías,

a menos, por supuesto, que tengas prisa

Y si no es muy descortés por mi parte...

te lo pido...

quita tu pie de mi cuello?

Gracias . Realmente aprecio lo que has hecho." Esto es un fracaso.

Por supuesto, este enfoque tiene algunas ventajas en términos de retroalimentación. Quizás la gente hable bien de ti. Quizás seas popular. E incluso a todo el mundo le gusta. Pero, ¿tendrás éxito? ¿Verdadero éxito?

Gema de la Sabiduría

Para tener éxito en las relaciones con la gente, necesitas ser respetado en lugar de amado.

Por supuesto, tu vida podría haber resultado de tal manera que hayas construido excelentes relaciones con las personas que te rodean, en las que eres respetado y amado. Excelente . Maravilloso . Pero, si tuviera que elegir qué es más importante para alcanzar el éxito en la vida (más que hacer el papel de la fabulosa Blancanieves), elegiría el respeto.

Sólo te pido que no te conviertas en una herida dolorosa después de estas palabras. Pero si el compinche del departamento deja de pensar que eres un tonto, si dejas de ser explotado por vecinos desagradables o amigos molestos, quizás reconozcas y aprecies las ventajas de ser una persona que no trata de complacer a todos. Para convertirse en una persona así, no debe separarse de su diplomacia, pero aún debe deshacerse de la necesidad de complacer a todos y a todos.

Comida para el pensamiento

¿Ha habido momentos en tu vida en los que la gente se aprovechó de tu amabilidad?

¿Te enseñó algo esta experiencia? ¿Hay alguna relación en tu vida que solo se echa a perder por tratar de ser amable?

Se necesitan dos para bailar un tango

Como orador profesional, a veces me preguntan si alguna vez he embellecido mis historias para que parezcan más interesantes y entretenidas de lo que realmente son. ¿Cuál es mi respuesta honesta?

Sí, embellecido.

Hablando en público, veo mi tarea no solo como informativa e influyente, sino también de entretenimiento, y por eso a veces exagero lo que hablo (sin embargo, creo que es justo decir que casi nadie cree que mi primera jefe era un hombre de 1 m 90 cm de altura con la cabeza calva y los brazos más peludos que he visto en mi vida... y su nombre era Jackie).

También hay situaciones en las que, para ahorrar tiempo y contar sólo lo más importante, omito detalles irrelevantes. Mi tarea es transmitir el significado, no una cantidad de información al 100% con todos los detalles menores. En cuanto a la cuestión de si pongo un poco de brillo en lo que digo, sí, me declaro culpable.

¿Por qué estoy hablando de esto aquí?

Porque me parece que esta práctica debería usarse no solo en trabajos como el mío. Tal

*Se necesitan dos para bailar un tango*79

También uso este enfoque cuando interactúo con personas en la vida cotidiana. De hecho, sean cuales sean las circunstancias, creo que todos embellecemos nuestras historias a veces.

Quizás incluso más a menudo de lo que imaginamos.

Esto es especialmente cierto cuando le contamos al interlocutor sobre un problema específico, por ejemplo, sobre desacuerdos que tenemos con otra persona.

Gema de la Sabiduría

AaquellosXsituaciones,cuandoametrosimaginarm

etroa quien-osumiy en′ DenimiSoba-ty, automáticamente nos convertimos en nuestros propios gerentes de relaciones públicas.

Cuando comenzamos a describir una situación, a menudo tendemos a hacerlo con cierto grado de sesgo y exageración. Puede que ni siquiera seamos conscientes de ello, pero lo hacemos invariablemente. Es justo decir que la probabilidad de que queramos presentarnos bajo una luz negativa es muy pequeña. Por lo tanto, cuando volvemos a contar nuestra propia visión de los hechos, podemos omitir por completo ciertos detalles e ignorar por completo las premisas del evento descrito.

Entonces, es importante entender que todos a veces damos un toque de subjetividad a lo que les contamos a los demás, y tendemos a cambiar ligeramente y distorsionar los hechos a nuestro favor. Incluso sin darte cuenta.

Por lo tanto, cuando se trata del éxito en las relaciones con las personas, debemos ser conscientes de la existencia del sesgo inherente a nosotros, que se revela al volver a contar ciertos eventos. No olvides eso

en algunos casos (supongo que no en todos) se necesitan dos para bailar tango.

En otras palabras, aunque pueda convencerme de que el conflicto o desacuerdo es totalmente culpa de otra persona, necesito hacer un esfuerzo para pensar en cómo contribuí al conflicto. No estoy diciendo que en cualquier situación la culpa o la responsabilidad puedan dividirse por igual entre las partes en conflicto. Solo es necesario comprender que usted también puede ser responsable de su ocurrencia.

¿Qué podría ser exactamente tu culpa? Hay varias opciones.

Es posible que haya hecho suposiciones incorrectas. O no ha dejado sus intenciones lo suficientemente claras. Podría suceder que hubo una situación en el pasado en la que tus palabras o acciones molestaron a una persona. Esta lista puede continuar indefinidamente.

Sin embargo, hay un problema.

Puede ser difícil para nosotros discernir nuestra propia culpabilidad en el conflicto, ya que continuamos describiendo los eventos que tuvieron lugar desde un punto de vista subjetivo. Repetimos la historia una y otra vez, y en cierto punto comenzamos a creer que nuestra versión de los hechos es la descripción más completa y absolutamente confiable de lo que realmente sucedió.

Confía en mí, no sucede.

Gema de la Sabiduría

Recuerde, lo que sucede en nuestras vidas a menudo no puede interpretarse sin ambigüedades, claramente dividido en positivo y negativo, correcto e incorrecto.

Se necesitan dos para el tango81

La vida es compleja, confusa, caótica y, a veces, sombría. Y es en este contexto que se desarrollan nuestras relaciones con otras personas.

Ojo, porque muchas veces cedemos a la tentación de hacer el papel de juez y nos apresuramos a acusar a la gente. Sin embargo, tal comportamiento es similar al de un juez real que escucha solo la acusación y emite su veredicto sin dar la palabra a la defensa.

Por lo tanto, no se olvide de la atención, porque al cerrar los ojos ante algunos hechos, podemos provocar que se desarrolle un conflicto. Y al no querer pensar en nuestro propio papel en la provocación dc conflictos o malentendidos, podemos dificultar la salida de esta situación.

El Evangelio de Mateo lo expresa más audazmente:

"¿Y por qué miras la paja en el ojo de tu hermano, pero no sientes la viga en tu ojo?" (Mt. 7:3).

Una declaración bastante dura, pero

Comida para el pensamiento

¿Cuándo fue la última vez que diste un paso atrás y te preguntaste:

"¿Cómo afecta mi comportamiento al problema?"

ciertamente te hace pensar. ¿Estás de acuerdo?

Sin inversión - sin beneficio

No hace mucho escuché la noticia de cómo una tienda minorista que estaba al borde del colapso financiero fue completamente rehabilitada por la llegada de un nuevo administrador.

No es la noticia más sorprendente que has leído, ¿verdad?

Pero el próximo bien puede ser de interés.

Alrededor de 100 empleados de la tienda, incluidos los trabajadores temporales, informaron que una de las principales razones por las que sus niveles de productividad y el ambiente de equipo mejoraron tanto fue que el nuevo gerente recordaba los nombres de todos los empleados y los llamaba por su nombre de pila.

En esencia, mostró su interés en ellos no solo como empleados, sino también como individuos.

Estoy seguro de que el nuevo administrador no se limitó solo a esta innovación para mejorar la productividad de los empleados, pero es esto lo que parece haber tenido un mayor impacto en ellos.

No es un aumento de sueldo. Y recordar y usar nombres.

Gema de la Sabiduría

Sin inversión - sin beneficio 85

Nunca subestimes el impacto que puede tener un pequeño acto.

En nuestro mundo agitado, siempre en movimiento, con tantos medios de comunicación diferentes para elegir, es fácil olvidar el simple hecho de que hacer tiempo para una conversación tranquila con una persona theta theta es extremadamente importante y que tales relaciones tienen un gran impacto. en nuestras vidas.

Verá, la realidad es que en estos días, la mayoría de las veces, no sabemos casi nada acerca de aquellos con los que nos encontramos a diario.

A menudo sucede que las relaciones que son importantes para nosotros se "ponen en piloto automático", fluyendo con poca o ninguna intervención de nuestra parte, en lugar de requerirnos el tiempo y el esfuerzo para mantenerlas.

A menudo sucede que las relaciones buenas y animadas se desvanecen y eventualmente se marchitan por completo.

Esto no está sucediendo a propósito. No con intención maliciosa.

Y por negligencia banal.

Dejaste de hacer tiempo para hablar. Escuchar.

Hacer preguntas . Risa.

hacer algo juntos.

como un equipo como una pareja Como está la familia . ¿Por qué razones?

Quizás estabas ocupado. Tal vez estaban ocupados. Su atención puede haber sido desviada por muchas otras cosas. Probablemente no viste la necesidad de mantener una relación en el momento adecuado. Pensaste que todo estaba en orden. No hubo problemas significativos en su relación que deban abordarse de inmediato.

Algunas personas tienen un enfoque de las relaciones que se puede caracterizar por la siguiente frase: "Escucha, si nada está roto, entonces no lo toques". Sin embargo, no tratas así a un coche, ¿verdad? Incluso si conduce con normalidad, lo llevas a revisión de vez en cuando. Este comportamiento es razonable. Le da la oportunidad de reemplazar o reparar piezas antes de que le causen daños graves. Esta inversión de tiempo y dinero no solo evita problemas, sino que también asegura la confiabilidad del vehículo y prolonga su vida útil.

Hay sentido común en esto.

¿Quizás deberíamos usar el mismo enfoque en nuestras relaciones con los demás? Los clientes leales pueden disfrutar de su visita, es probable que los empleados aprecien la oportunidad de recibir comentarios sobre su trabajo y expresar su propia opinión sobre el trabajo de los demás. A tus seres queridos les encantará la idea de hacer algo contigo, como salir a caminar o tener una conversación tranquila y sin distracciones, y esto les brindará la oportunidad de recargarse emocionalmente.

Se trata de lo siguiente...

Gema de la Sabiduría

Sin inversión - sin beneficio 87

Las buenas relaciones con las personas, ya sean sus clientes, colegas o seres queridos, no se mantienen solas. Requieren su tiempo.

Los notemos o no, hay factores que inciden en el éxito de las relaciones tanto en el ámbito profesional como en el personal. Y si no puede hacer tiempo para las personas que necesita, no se sorprenda cuando encuentre una falta total de respuesta. La cruel verdad de la vida es que la amabilidad y la cortesía deliberadas pueden arruinar una relación. El trabajo fuerte y la distracción hacia objetos extraños pueden conducir al mismo resultado, y esto se aplica tanto a las relaciones comerciales como personales.

Nunca te halagues pensando que la luna de miel durará para siempre.

Esteno lo haré

Créame .

La experiencia personal me enseñó esto.

Mi profesión implica frecuentes viajes de

negocios. Resulta que paso varios días, ya veces incluso semanas, lejos de mi esposa e hijos. Después de regresar a casa después de todos mis viajes, realmente necesito estar solo un poco para recuperarme.

El problema es que si me dejo llevar, el hecho de estar solo conmigo mismo puede convertirse en un hábito y volverse normal. Esto puede convertirse en una regla en lugar de una excepción a la regla.

Así que tengo que hacer una elección. Elección consciente.

Por lo tanto, ahora en nuestra familia, rara vez se come frente al televisor: nuestros desayunos, almuerzos y cenas son en la mesa de la cocina. Pasar tiempo juntos está planificado, y no ocurre de forma espontánea, es decir, sólo cuando tenemos ganas y tiempo para reunirnos.

No hay problemas con mi hijo en este sentido. Nuestro amor compartido por el fútbol (si podemos describirlo como ver los partidos de Bradford City y Wigan

Athletic) significa que a menudo encontramos algo que hacer en común. Trabajo con mi esposa para que podamos vernos más a menudo. Mi madre tiene un ritual vespertino todos los miércoles, viene a nuestra casa a cenar y mima a todos los miembros de la familia con chocolate, mientras nos dice que cuidemos nuestro peso.

Sin embargo, las cosas son diferentes con Ruth, su hija adolescente. Tenemos muy pocos intereses comunes con ella. Dejé de interesarme por la cosmética, los bolsos y los tacones hace mucho tiempo. Cuando Ruth cumplió diez años, me di cuenta de que el tema principal de nuestra conversación era el estado de su dormitorio (para ser justos, observo que realmente parecía haber sobrevivido al tsunami y al terremoto al mismo tiempo). Nos estábamos alejando el uno del otro. Necesitaba hacer algunos cambios.

La cantidad de tiempo que paso fuera de casa no ha cambiado. Sin embargo, mi comportamiento ha cambiado mientras estoy en casa. Ya no me quejo de que Ruth me use como su taxista personal. Ahora me he dado cuenta de que pasar tiempo juntos mientras conducimos a algún lugar nos brinda la oportunidad de socializar de una manera natural y relajada. Algunas veces nosotros

Sin inversión - sin beneficio

vamos juntos a un café, solo mi hija y yo. Por supuesto, ella envía mensajes de texto a sus amigos durante parte de ese tiempo (después de todo, Ruth todavía es una adolescente), pero lo principal es que pasamos tiempo juntos. Creo que a ella le gusta. No puedo llamarnos mejores amigos, pero no somos extraños el uno para el otro. Incluso pasamos un fin de semana en Londres con ella una vez al año. La mimo y ella, a su vez, elige ropa para mí que me salve al menos un poco de la crisis de la mediana edad.

El caos aún reina en su dormitorio.

No puedo compartir sus gustos musicales. Todavía no entiendo qué tiene de bueno ir a un concierto donde los fans amontonados frente al escenario te empujan por todos lados.

Y yo, tal vez, pasaré por alto el tema de los tatuajes y piercings. Al menos por el momento.

Pero me parece que mi hija y yo hemos sentado una buena base para futuras relaciones.

Espero que en el futuro la contribución que hemos hecho al desarrollo de nuestras relaciones ahora sea de beneficio para ambos. Ciertamente nos hemos asegurado buenos recuerdos para el futuro, y aunque es poco probable que su dormitorio se vea como yo quiero, creo que nuestra relación es justo como yo quería que fuera.

Por supuesto, entiendo que es posible que no tengas un hijo o una hija. Sin embargo, esto no importa, ya que este principio también se aplica a clientes, colegas y seres queridos. Si no aportas nada, no recibes nada.

90 Parte I . parar y entender

Si realmente crees que las relaciones son importantes (y yo creo que lo son, porque de lo contrario no habrías leído este libro), deja de esperar que alguna vez encuentres tiempo para contribuir al desarrollo de las relaciones. . ¡Encuentra ese momento ahora! Lo que voy a decir es extremadamente importante. Recuerda, tu contribución no tiene que ser hablando con otra persona. A veces lo más necesario se convierte en un simple pasatiempo conjunto, una causa común.

Si es gerente, recuerde que invertir en las relaciones también significa invertir en las personas mismas. La capacidad de contratar y retener a las personas adecuadas es costosa y requiere mucho tiempo. Pero si no quiere perder buenos empleados, debe comprender que tendrá que invertir en ellos para cosechar las recompensas de su trabajo. Algunos gerentes se preguntan: "¿Qué pasa si capacitamos a los empleados y renuncian?" Bueno, considere esto: "¿Qué sucede si no capacita a los empleados y se quedan?"

Por lo tanto, dedique tiempo a las personas, pero también busque formas de contribuir a su desarrollo (por cierto, es posible que desee regalarles este libro

pequeña prueba

Piense en a quién en su vida le está dedicando actualmente más tiempo y atención. Ahora elige a alguien que te gustaría, no por culpa, sino con toda sinceridad, para construir una relación e invita a esa persona a pasar tiempo juntos. ¿Por qué no lo haces ahora mismo en lugar de seguir leyendo este libro? ¡Atrevimiento!

para este propósito).

Parte II Moviente

Ser realista

Hace unos años, estuve en el programa de preguntas The Weakest Link, presentado improvisadamente por Ann Robinson.

Tenía 40 años para entonces, y me propuse hacer algo fuera de lo común durante un año para marcar mi entrada en lo que muchas personas consideran una edad significativa. Participar en un programa de televisión fue una de las ideas adecuadas para esto.

Sorprendentemente, mi objetivo no era ganar (los concursos y yo van juntos de la misma manera que el pescado frito y el arroz con leche dulce), sino escuchar la frase "¡Cállate! ¡Sigamos adelante!" al menos un par de veces.

Desde este punto de vista, mi presentación resultó ser muy exitosa. Escuché esta frase siete veces, incluida una de otro participante en el juego, y el resto de labios de la propia Ann Robinson. Este es un logro.

Pero resultó ser una tarea más difícil

responder las preguntas correctamente. Para mi sorpresa, estoy bastante bien.

---

*Esta frase termina cada ronda de este juego. En consecuencia, el autor dice aquí que esperaba no perder en la primera ronda. — Aprox. por.

Sea realista95

sho comenzó e incluso fue "el eslabón más fuerte" en una de las rondas iniciales. Pero mi éxito duró poco y sucedió poco antes de que yo, junto con otro participante del juego, estuviéramos al borde de la eliminación. Ambos recibimos la misma cantidad de votos en la votación de quién debería ser el eslabón más débil, por lo que el jugador que era el eslabón más fuerte en ese momento tenía que tomar la decisión final. Esta era una mujer por la que honestamente no sentía ninguna simpatía cuando todos nos estábamos conociendo antes de que comenzara el espectáculo. Ella no exudaba más calor en mi dirección que un enorme iceberg.

Sentí que estaba condenado.

Y mi presentimiento no me engañó.

A la mujer que me condenó y me obligó a dar un vergonzoso paseo hasta la salida le preguntaron entonces por qué decidió expulsarme a mí en particular. Pensé que podría tener algo que ver con mi respuesta ridículamente estúpida a una pregunta relativamente simple. ¿O fue porque pensó que mi ignorancia era falsa y parte de un plan astuto y que en realidad podría representar una amenaza potencial para ella en una etapa posterior del juego?

No .

Entonces, ¿qué determinó su elección? Nunca adivinas.

Resulta que una vez leyó un libro sobre motivación y llegó a la conclusión de que lo que estaba escrito en él no funcionaba, por lo tanto, sabiendo algo sobre la naturaleza de mi ocupación, consideró necesario echarme.

Eso es todo .

Fin de la historia.

Ann Robinson me dijo con gran placer que era hora de "callarse y seguir adelante" y que me había convertido en

"eslabón más débil"

Mientras reflexionaba sobre la razón por la que esta mujer me echó del juego, se me ocurrió que su enfoque resumía en gran medida lo que muchas personas sienten acerca de sí mismas, de otras personas y quizás de la vida en general ("Lo intenté una vez y descubrí que no funcionaba". no funciona"). Al mismo tiempo, nadie espera poder ponerse en buena forma física yendo al gimnasio una sola vez. O perder varios kilos de peso a la vez, negándose a comer hamburguesas y papas fritas por un día. Pero en otras áreas de la vida, parece que nos aferramos a expectativas poco realistas e irrazonables.

Quizás en la raíz de algunas de nuestras frustraciones, decepciones y conflictos están las expectativas poco realistas que depositamos en otras personas y cómo deben reaccionar y actuar en ciertas situaciones.

A veces, incluso podemos tratar de poner a tierra nuestros sentimientos diciendo: "Yo nunca haría esto si fuera él".

Pero ahí radica el problema. No estás en su lugar.

No siempre conoces su historia, sus circunstancias, sus valores, o quién fue su modelo para

imitaciones No necesita saber qué están haciendo en este momento y qué problemas pueden tener que enfrentar en sus vidas.

En su libro Confessions of a Conjuror, Derren Brown lo expresa de esta manera:

"Cada uno de nosotros lleva una vida compleja, y cuando nos encontramos con personas, vemos solo una pequeña parte de la delgada capa exterior de su existencia ambigua y problemática".

Bueno, tal vez Derren esté exagerando un

poco aquí, pero creo que vale la pena considerar sus palabras. Tal vez necesitemos mostrar un poco de compasión y comprensión de vez en cuando.

Gema de la Sabiduría

Tu deseo de que los demás vivan como tú quieres es comprensible. Pero no siempre es factible.

Volviendo a mi oponente en el juego de The Weakest Link, parecería, ¿por qué alguien que lee un libro sobre motivación pensaría que este libro lo cambiaría mágicamente?

Pero está sucediendo.

¿Cómo es posible que alguien no se sienta absolutamente culpable por no hacer su mejor trabajo?

Pero está sucediendo.

¿Cómo puede alguien hacerte promesas sin la menor intención de cumplirlas?

---

*Derren Brown (nacido en 1971) es un mago, ilusionista psicológico, mentalista, hipnotizador, artista y escéptico inglés. Autor de varios libros sobre experimentos psicológicos y sobre el arte del ilusionismo. — Aprox. edición

98 Parte II . hacia adelante

Pero está sucediendo.

¿Por qué los niños pequeños eligen el momento más inoportuno para hacer una rabieta?

Pero eso es exactamente lo que hacen.

¿Significa esto que debe renunciar a sus expectativas y simplemente capitular, aceptando pasivamente todos los golpes que el comportamiento de otras personas le inflige?

No .

Por eso es de decisiva importancia lo que sigue. UbeTenga la seguridad de que ha dominado este material.

Gema de la Sabiduría

"Expectativas realistas" no significa "expectativas débiles".

Creo que en la mayoría de los casos sus expectativas estarán justificadas, pero no nos sorprendamos demasiado en los casos en que no sea así. Y si puede desarrollar un pensamiento realista al tratar con otras personas, tendrá menos motivos para estar molesto y decepcionado con ellos.

En los casos en que no se cumplan sus expectativas, debe preguntarse, ¿es porque sus expectativas eran irrazonablemente altas o porque no articuló claramente sus expectativas para otras personas?

Me gustaría que la gente abrazara la idea del desarrollo personal con el mismo entusiasmo que yo.

Me gustaría que todos los que me escuchan digan que sacan inspiración, inspiración y esperanza de mis palabras.

Pero esto no está sucediendo.

Sea realista99

Hay momentos (afortunadamente, no muy frecuentes) en los que me convertíAsiento con todo lo contrario.

Algunas personas sienten una aversión instantánea por mí y mi material. Si pudiera caminar sobre el agua, estoy seguro de que habría quienes dirían: "Este tipo simplemente no puede nadar".

Así es la cruel realidad.

Así como no puedes complacer a todos todo el tiempo, tú mismo no estarás complacido con todo todo el tiempo.

Asi es como se hace. Así es la vida .

Estos son los detalles del manejo de una criatura tan sorprendente pero a veces incomprensiblemente compleja conocida como Homo sapiens.

Hasta cierto punto, todos tenemos nuestras rarezas y peculiaridades, aunque sus proporciones varían de persona a persona. (Estoy seguro de que conoce a algunas personas que no son una pequeña parte de la extrañeza y la excentricidad.

Mis hijos sin duda creen que pertenezco a esta categoría).

Sin embargo, todo lo anterior no significa que automáticamente debamos esperar lo peor de los demás. Permítanme enfatizar que es bueno tener altas expectativas de uno mismo y de los demás y luchar por la excelencia. Pero sus expectativas no deben ser poco realistas.

Reconozcamos y, a veces, aceptemos tanto nuestras propias deficiencias como las de los demás.

100 Parte II . hacia adelante

Como principio general, seamos más abiertos y receptivos en lugar de juzgar a los demás.

Gema de la Sabiduría

Tratar el comportamiento de las personas más filosóficamente que emocionalmente.

Sin embargo, el compromiso no debe ser demasiado grande. No aceptemos lo que es claramente inaceptable. No renunciemos a nuestras propias ideas, pero al mismo tiempo empecemos a darnos cuenta de que no siempre son realistas en relación con absolutamente todos aquellos con los que tenemos que tratar; esto es especialmente cierto para las personas que no se benefician de interactuar con nosotros.

Acepta el hecho de que habrá momentos en los que el comportamiento de otras personas no te defraudará. De lo contrario, la gente se comportará de manera diferente a como te gustaría. Y cuando eso suceda (y lo hará, les aseguro que lo hará), no convirtamos este estado de cosas en una tragedia o una crisis que nos cause un estrés y una ansiedad indebidos, sino que comencemos a darnos cuenta de que a veces solo es necesario " cállate y sigue adelante".

Comida para el pensamiento

Piensa en las personas que sientes que no cumplen con las expectativas. ¿Es porque sus expectativas son demasiado poco

"No despiertes al perro dormido"

Tal vez recuerde que anteriormente en uno de los capítulos titulados "Obtiene lo que está dispuesto a tolerar", exploramos los problemas asociados con la tolerancia y la aceptación del comportamiento de otras personas. En el mismo capítulo, discutiremos que en algunos casos es mejor dar por sentada la situación o el comportamiento de los demás para mejorar las relaciones a largo plazo.

Algunos pueden ver esto como una contradicción. Pero en realidad no está aquí.

Como dije antes, si quiere tener éxito en el trato con la gente, debe evitar adoptar un enfoque genérico. La capacidad de ser más flexible es fundamental en la comunicación, por lo que a veces necesitará cambiar su estrategia. Recuerda que un extintor es una herramienta muy útil, pero no cuando te estás ahogando. Es por eso que en algunas situaciones es mejor no despertar a un perro dormido.

Pero, ¿cuáles son esas "cosas" que te puedes permitir soportar?

Esto lo debes decidir por ti mismo.

Aquí hay algunas preguntas que pueden ayudarlo a tomar su decisión.

"No despiertes a un perro dormido" 103

una . ¿Cuáles son las consecuencias de no resolver el problema? ¿Qué tan cómodo se sentirá como resultado de estas consecuencias?

2. En una escala del 1 al 10, en orden creciente de importancia, ¿cómo calificaría la gravedad de este problema?

3 . ¿Qué importancia tendrá la falta de resolución del problema en los próximos seis meses?

cuatro Dejando todo como está, ¿cómo comunicará esto a otras personas en caso de necesidad?

5 . ¿Qué probabilidad hay de que la situación empeore si no se toman medidas para abordarla?

6. ¿Está justificada la inversión de su tiempo y energía en este tema en términos de las metas que desea lograr?

En este sentido, debes reflexionar sobre la siguiente sabiduría...

grano sabiduría

Las personas asertivas a veces prefieren ser complacientes.

Quizás la pregunta más importante que debe responderse honestamente a sí mismo es esta: "Habiendo tomado la decisión de 'no despertar a un perro dormido', ¿me siento lo suficientemente cómodo con todas las implicaciones de esa decisión y las razones detrás de ella? »

Por favor, no uses esta idea como una forma de excusar tu debilidad. Esto no debe ser una excusa para su deseo de evitar la confrontación. Esta idea no pretende ser el punto de partida para una solución.

todas las preguntas que surgen, solo contiene una posible estrategia que puede ser útil para asegurar el éxito a largo plazo de la relación.

Un grano de duda

¿Fue una elección consciente para evitar resolver el problema o

Hay momentos en los que, reflexionando sobre mis interacciones con los demás, llego a la conclusión de que, con respecto a algunas cosas, he hecho un grano de arena a partir de un grano de arena. Otras veces, me doy cuenta de que mis relaciones con los demás nunca volverán a ser las mismas porque elegí trabajar en la solución de problemas existentes.

Es triste, pero es la realidad.

Tal vez esto diga más sobre los métodos que elegí para hacer esto que sobre el problema en sí (tocaremos este tema a continuación).

Ha habido muchas ocasiones en las que mi decisión de "morderme la lengua" estuvo justificada, y me alegro de haber tomado esa decisión.

Como puede ver, no siempre entrar en una confrontación trae el resultado deseado.

La transparencia absoluta de los sentimientos no es necesaria en todas las situaciones. Perder una batalla para ganar una guerra puede ser una estrategia efectiva. Al mismo tiempo, mantenerse firme constantemente en cualquier tema es agotador, aburrido y, además, puede conducir a la escalada de conflictos innecesarios, lastimándose a sí mismo.

y quienes los rodean y terminan con relaciones completamente arruinadas.

Gema de la Sabiduría

No tienes que expresar tu opinión en cada situación. A veces es mejor guardarse los pensamientos para uno mismo.

Tal vez el problema que está tratando de

resolver es uno de esos que se resuelven solos más rápido que cuando son objeto de burlas constantes.

En última instancia, la decisión es tuya. Solo recuerda aquellos que tienes una opción.

pequeña prueba

Evalúe la situación actual: tal vez este sea el caso cuando no debe "despertar a un perro dormido".

Controla tu relación con el medio ambiente

No sé si tú (o alguien cercano a ti) alguna vez ha cambiado de auto, se ha mudado o ha estado embarazada. Pero si esto te ha pasado, entonces probablemente te hayas encontrado con un extraño fenómeno que los psicólogos llaman "atención enfocada".

Dejame explicar.

Cuando estaba pensando en comprar un auto nuevo, de repente comencé a notar a mi alrededor autos de la misma marca que estaba buscando para comprar. Cuando estaba poniendo una casa en venta, los anuncios de venta colocados cerca de otras casas comenzaron a llamar mi atención de inmediato. Mientras leía el periódico, siempre me encontraba con un artículo sobre la venta de bienes raíces. Y cuando mi esposa quedó embarazada en la década de 1990 (no toda una década, me apresuro a decir, sino solo dos veces nueve meses), comenzó a notar cuántas mujeres estaban embarazadas en el mismo período.

Gema de la Sabiduría

Tu cerebro está tratando de ayudarte a encontrar lo que estás buscando.

La gente tiende a fijarse en todo lo que tiene que ver con lo que pensamos, o lo que es importante para nosotros en un momento determinado.

*Controla tu relación con el medio ambiente*109

Usted podría estar pensando, ¿y qué?

¿Cómo se relaciona este hecho con el tema de nuestra discusión? Tratemos de aplicar este fenómeno a nuestras relaciones con las personas.

Si observa y analiza rasgos específicos positivos o negativos en otra persona, continuará observándolos (como yo noté los autos en casa y mi esposa notó a las mujeres embarazadas). Una vez que un hábito o comportamiento humano aparece en su radar, se vuelve bastante difícil ignorarlo en el futuro.

Como resultado, si no tenemos cuidado con este hecho, podemos desarrollar una idea errónea sobre alguien, porque constantemente notaremos solo las cualidades positivas de una persona, lo que a veces se denomina "efecto halo", o solo las negativas. - el "efecto halo". cuernos" (porque el diablo a menudo se representa como una criatura con dos cuernos).

Si tienes una relación tensa con alguien, es muy probable que tienda a notar aspectos negativos en el comportamiento de esa persona.

Esto es claro.

Pero recuerda... Aquello en lo que te enfocas se hace más grande.

Como resultado, se forma un ciclo. Tu actitud negativa hacia una persona se alimenta constantemente. Notas la negatividad asociada con él, lo que a su vez refuerza tu actitud negativa.

negativoactitud

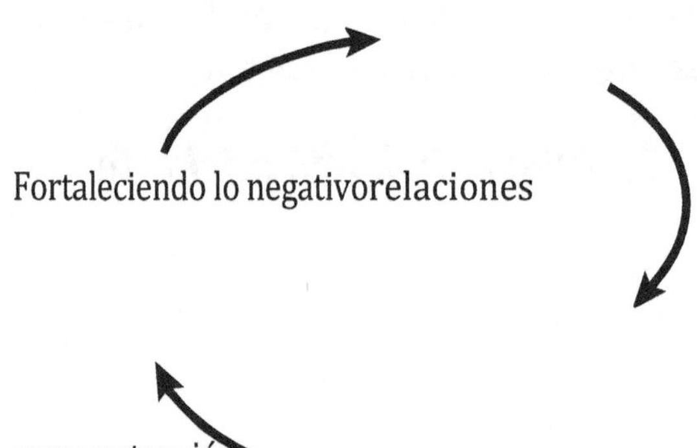

Fortaleciendo lo negativorelaciones

mayor atención

al comportamiento negativo

Gema de la Sabiduría

En muchos casos, tu idea de persona puede convertirse en una “profecía autocumplida”.

Además, si no buscas cualidades positivas en las personas, no las notarás.

¿Por qué está pasando esto?

La razón de esto es el principio del cerebro humano.

Dado que nuestro cerebro está constantemente bajo un ataque masivo de información, al tratar de ayudarnos a evitar un shock mental, funciona de hecho con el mismo principio que un filtro de spam. Filtra y tira a la papelera toda la información que no considera vital, relevante o muy inusual.

Como resultado, tu actitud hacia una persona depende de los hechos que tu cerebro envía a la papelera sin siquiera traerlos a tu conciencia.

Entonces, si no buscas específicamente cualidades positivas en una persona y solo esperas información negativa sobre ella, ¿adivina qué termina tirando tu cerebro a la basura?

Naturalmente, todas las características y momentos positivos del comportamiento de esta persona.

Al mismo tiempo, su "buzón" se llenará con ejemplos de sus rasgos negativos.

Entonces, ¿qué nos aporta la comprensión de este hecho en términos de relaciones interpersonales? ¿Cómo te ayudará este conocimiento a tener éxito en el trato con la gente? Pues piensa en la persona con la que no te llevas como te gustaría. Aquí hay algunas preguntas para pensar.

— ¿Qué es lo que te desagrada especialmente del comportamiento de esta persona?

— ¿Quizás solo notas los aspectos negativos de su comportamiento, ignorando cualquier manifestación positiva?

— Cuáles son las consecuenciastu actitud negativa?

— ¿Puedes, si lo intentas, nombrar al

menos tres rasgos positivos de esta persona?

No estoy sugiriendo que pensar en estas preguntas te hará sentir cariño por esa persona. Sin embargo, puede alentarlo a mirar en su carpeta de correo no deseado y darse cuenta de que esta persona tiene algunas cualidades positivas que quizás no haya notado antes.

Bien, ahora permítanme compartir con ustedes una lección importante y dolorosa de mi propia experiencia, que ilustra los peligros de tener una visión negativa a priori de alguien y cómo su actitud afecta su comportamiento. Como verá ahora, mi experiencia sería bastante

diferente si me tomo el tiempo para reflexionar sobre las preguntas anteriores.

Hace unos años, trabajé con una empresa que se creó para apoyar a las organizaciones que estaban despidiendo trabajadores. Me contrataron para brindar asesoramiento y apoyo a los empleados que se encontraban en proceso de reducción.

Conocí mejor a algunas de estas personas cuando las ayudé a escribir currículos y las preparé para las entrevistas. Algunos de ellos quedaron en el pasado distante, pero había un chico entre ellos, nunca lo olvidaré.

Marca.

Resultó ser un verdadero problema.

La mejor manera de describirlo sería comparar a esta persona con una sanguijuela. Parecía mirarme y succionar la energía vital de mí. Cinco minutos pasados con Mark equivalían a cinco horas hablando con otra persona.

Definitivamente no fue un punto brillante en mi vida.

Exactamente lo contrario.

Muy pronto se convirtió en el héroe de las bromas de otros miembros de nuestro equipo. Comentarios como "Mira, parece que tu amigo ha venido a visitarte de nuevo" se han convertido en algo habitual. A pesar de mis mejores esfuerzos para ayudar a Mark, no pudo conseguir un nuevo trabajo. Como resultado, se convirtió en un visitante habitual de nuestra oficina.

Entonces me llegaron las buenas noticias.

Mark comenzó su propio negocio. Por fin su nombre dejó de aparecer en mis listas y pude hojearlas sin el estremecimiento anterior. Mi vida comenzó a mejorar.

En un arranque de generosidad, incluso les compré a mis colegas una barra de chocolate.

A cada .

Regresé a mi oficina lleno de optimismo. De hecho, si en ese momento me hubieras preguntado si la selección de Inglaterra podría ganar un gran torneo de fútbol, probablemente te hubiera respondido que sí.

Así de optimista era entonces.

Pero después de un minuto, todo mi optimismo salió de mí, como de un globo perforado. Miré por la ventana de mi oficina hacia el estacionamiento y vi una gran camioneta blanca entrar.

Mark salió de allí.

Y se dirigió a la puerta de nuestra oficina.

Corrí a la sala de espera, donde estaba sentada nuestra secretaria Vera. Estaba terminando su barra de chocolate.

— Vera, Vera —grité, notas de pánico claramente reflejadas en mi voz. — Acabo de ver a Mark. Viene justo aquí.

— ¿No sabes? La mirada de Vera expresó algoconfusión .

— ¿No sé qué? Respondí, ya comenzando a arrepentirme de mi decisión de comprar todos esos chocolates.

114 Parte II . hacia adelante

— Bueno, como parte de la prestación de nuestros servicios, Mark utilizará nuestra oficina por el momento. Se le permitió tomar nuestros sellos, papelería, fotocopiadora. En general, ahora lo veremos mucho más a menudo.

Estaba estupefacto. En un momento

Mi cerebro luchó por digerir la información recibida de Vera. Entonces, en la oscuridad de mi confusión, brilló un rayo de luz salvador.

Necesito esconderme.

Si me escondo en el armario, Vera podría decirle a Mark queSalí a almorzar, y luego no se reunirá conmigo, sino con uno de mis colegas.

Confieso que esto no es algo de lo que pueda estar orgulloso hoy, pero en ese momento la idea me pareció buena.

Pero de todos modos, ya no tenía tiempo para implementarlo. Antes de que pudiera abrir la boca, Mark ya estaba de pie a mi lado.

— Hola BECK. ¿Cómo estás?

A pesar de mi expresión de profundo pesimismo, logré exprimir una respuesta apagada:

— Sí, todo está bien, gracias.

— Bien . Quería saber cuándo podemos hablar contigo.

— ¿Ha reservado una cita? Pregunté, sabiendo la respuesta de antemano, ya que había visto la lista de los que se inscribieron.

— No, solo pensé que podría ir a verte.

Hice lo mejor que pude para ocultar mi disgusto en esta reunión (y el hecho de que estaba gastando mi dinero en comprar chocolates).

— Bueno, para ser honesto, para esto necesitas hacer una cita. Puede que esté ocupado con otro cliente. Y ahora estaba a punto de salir a cenar.

— Entonces, ¿cuándo podemos hablar? el insistió.

— Vamos -Respondí de mala gana. Lo invité a mi oficina.

Me senté .

Él se sentó .

Luego dijo algo que nunca olvidaré:

— No te retendré mucho porque sé que no te agrado.

Estaba estupefacto.

Traté de recomponerme. Empecé a murmurar en respuesta que

"Es gracioso" . Pero Mark vio a través de mí. Él me mordió.

Gema de la Sabiduría

Tu actitud influye en tu comportamiento y en cómo interactúas con las personas.

Desde ese día, todo ha cambiado en mi actitud hacia Mark. Me di cuenta de que había permitido que mi relación con él derivara hacia un reino de calma e indiferencia.

Me olvidé de mis deberes profesionales.

Olvidé que me pagan por el servicio de Mark. El hecho de que sin clientes mis servicios no valen nada. Y que son personas como Mark las que me dan trabajo.

Me habia olvidado de eso.

Permití que mi relación con la persona afectara la calidad del servicio que brindaba, sirviendo mejor a quienes me gustaban.

Y mi comportamiento facilitó que Mark entendiera lo que sentía por él.

Entonces, si quería hacer un cambio en nuestra relación, tenía que cambiar lo que sentía por esta persona. Empecé a buscar cualidades positivas en él. Aprecié su ética de trabajo. Su voluntad de asumir riesgos y emprender su propio negocio.

¿Y sabes qué? Funcionó.

No hubo reconciliación formal entre nosotros. No hubo lágrimas.

Pero nuestra relación mejoró. Se volvió más amigable y menos asertivo. Empezamos a hablar más sobre los problemas de su negocio, y no solo de sus problemas cotidianos.

¿Nuestra relación se ha convertido en una excelente? No . Pero están mucho mejor que antes.

*Controla tu relación con el medio ambiente*117

Nunca volvió a mencionar mi disgusto por él, y en realidad comencé a percibir nuestras reuniones como más agradables.

No ha cambiado mucho.

Pero mi actitud hacia él ha cambiado.

Como resultado, nuestra relación profesional se ha vuelto más exitosa.

Comida para el pensamiento

— ¿La forma en que tratas a la persona interfiere con tu relación?

— ¿Estás cegado por lo negativo hasta el punto en que no ves los aspectos positivos?

— ¿Qué pequeño cambio podría hacer en su comportamiento para que su relación sea más positiva, aunque menos que ideal? Piensa en algo específico que podrías hacer la próxima vez que interactúes con esta persona.

Estar dispuesto a admitir sus errores

Nos gusta la gente decidida, ¿no? Personas que expresan claramente su punto de vista. Gente que no juega y cambia de opinión por capricho.

El enfoque, la determinación y la confianza en sí mismo son rasgos dignos de admiración.

Todos son signos de fortaleza. Estoy seguro de que todos estarán de acuerdo en que un líder reconocido debe tener las cualidades enumeradas.

Yo también comparto esta opinión. Pero también creo que estas mismas cualidades pueden ser la causa del fracaso. Pueden ser la razón por la que no logramos construir relaciones con las personas.

Dejame explicar.

La concentración puede conducir a limitaciones en los enfoques aplicados. La determinación puede provocar obstinación e intentos persistentes de ir en contra de los hechos. La confianza puede crear un cóctel peligroso de arrogancia y fariseísmo.

Es justo decir que la humildad y la voluntad de cometer errores rara vez se encuentran en la parte superior de la lista de las mejores cualidades de los líderes. Sin embargo

Estar dispuesto a admitir sus errores

de hecho, la capacidad de admitir cuando uno está equivocado y la necesidad de cambiar la estrategia de uno puede ser útil para cualquier líder. Estas cualidades pueden jugar un papel invaluable si queremos tener éxito en la vida y construir relaciones con las personas.

Cuando estoy detrás del volante y empiezo a moverme en la dirección equivocada (lo que sucede regularmente a pesar del apoyotecnología moderna y avanzada), mi navegador satelital me aconseja hacer un cambio de sentido. Ignorar su consejo, especialmente cuando estoy en un área desconocida, sería una tontería.

Sin embargo, algunos líderes políticos, como la primera mujer primera ministra de Gran Bretaña, Margaret Thatcher, etc. venerado en similar Xslutés sobre mostrar terquedad. Ella veía cualquier cambio como un signo de debilidad política. En algunos casos, csto probablemente realmente sucedió.

Pero solo en algunos casos.

En última instancia, su falta de voluntad para admitir sus errores la llevó a perder la lealtad y el respeto de varias personas cercanas a ella, y todo esto terminó en su prematura y poco ceremoniosa salida del puesto de líder de su propio partido.

Afortunadamente, Adolf Hitler mostró una terquedad similar. yo dialecto Y u "à Comparte", después a qué, si y los sobre norte haría yo Pendiente. Si hubiera escuchado más a menudo a sus generales y adoptado un plan de guerra más flexible, podría haber logrado el trágico resultado para todo el mundo por el que luchaba.

122 Parte II . hacia adelante

Gema de la Sabiduría

La diferencia entre "determinación" y "terquedad" es muy sutil, pero una te lleva al éxito y la otra te hace parecer estúpido.

No estoy sugiriendo que se abandonen cualidades como el enfoque, la determinación y la confianza. Pero afirmo lo siguiente... El abuso de poder en realidad puede convertirse en debilidad.

Sin embargo, no llamo por ello a

Comida para el pensamiento

¿Qué tan abierto y listo estás para que tus ideas sean desafiadas por otros? ¿Cuándo fue la última vez que usted mismo buscó activamente a alguien para hacer esto?

inclinarse a favor de todo lo contrario de estas cualidades. La mejor opción parece ser la disposición a una combinación moderada de modestia y apertura, según la situación.

La realidad es que debemos tener cuidado de distinguir entre blanco y negro en cualquier asunto. A veces, elegir el gris es más correcto.

La incertidumbre es inherente a nuestro mundo en constante cambio, y para existir con éxito en las condiciones de esta incertidumbre, debemos ser más abiertos y flexibles en nuestro pensamiento y enfoques aplicados. Esto a menudo se convierte en la clave para construir relaciones con las personas correctamente.

Entonces, ¿qué significa esto en la práctica?

Esto puede significar que no siempre tienes que confiar en tu sexto sentido. Créeme, la intuición no existe.

Estar dispuesto a admitir sus errores

derechos en cualquier asunto, especialmente cuando no tienes todos los hechos.

Cuando esté a punto de conocer a alguien, recuerde que las primeras impresiones pueden ser engañosas. Es, por supuesto, muy fuerte e influyente, pero no siempre es cierto. Ahí yace el problema. Todos tenemos una tendencia a sacar conclusiones precipitadas sobre las personas tratando de clasificarlas. Nos encanta etiquetar. Esto nos da una sensación de control sobre la situación. Pero esta aspiración puede tener sus inconvenientes.

Confiar en mi intuición y apostar por las "primeras impresiones" me costó literalmente 1.000 libras esterlinas.

Me equivoqué con las personas porque presté demasiada atención a mis sentimientos en lugar de poner más peso en los hechos. Después de tomar mis decisiones comerciales, no estaba lo suficientemente abierto a la suposición de que podría estar equivocado. Persistí en trabajar con personas de las que debería haberme mantenido alejado.

Este es un gran error.

Como dice el proverbio de los indios Dakota: "Si estás montando un caballo muerto, bájate".

No estoy sugiriendo que ignores tus sentimientos, pero ten en cuenta que pueden cambiar mucho.

¿Por qué no probar el siguiente enfoque en el futuro? Anticipe las posibles consecuencias diciéndose a sí mismo: “Puede que me equivoque, pero así me parece hoy”.

Esta redacción anima a otras personas a expresar su propia opinión sobre este tema, sin sentirse

que ataquen tu posición. Además, te da libertad de maniobra, te da la oportunidad de cambiar de opinión en el futuro.

Obviamente, si usas este método todo el tiempo, comenzarás a perder la confianza, y en caso de emergencia, este enfoque no será adecuado en absoluto, ya que no contribuye a que las personas a las que recurres se sientan seguras. Pero la voluntad de admitir que las opiniones de uno están equivocadas y de escuchar las opiniones de otras personas puede ser invaluable... a veces. Esta es una excelente manera de hacer que las personas trabajen juntas. Este enfoque es un llamado a compartir los propios puntos de vista e ideas.

Afortunadamente, la voluntad de equivocarme contribuyó al éxito de uno de mis libros llamado Confianza en uno mismo*. Este título fue sugerido por mi editor. Prefería mucho más la versión más caprichosa, atractiva y sexy de "No deberías bailar desnudo", subtitulada "La verdad real sobre cómo desarrollar la confianza en uno mismo". La mayoría de mis amigos coincidieron en que, en comparación con mi versión, el nombre del editor era aburrido e insípido.

Sin embargo, tuve que admitir que mi editor conocía el mercado mejor que yo. Sabía que a los principales compradores de libros de una conocida cadena minorista del Reino Unido no les gustaría el título "No deberías bailar desnudo".

Sería demasiado elegante para esta audiencia.*Estar dispuesto a admitir sus errores* 125

Pero yo tenía mi propio sentimiento.

La gente presta especial atención al nombre. La inclusión de la palabra "desnudo" en él debería despertar inmediatamente la curiosidad y el interés.

Al final, decidí escuchar no mi voz interior, sino la opinión del editor. Seguí mi propio consejo y admití que podía estar equivocado.

La pregunta es, ¿eres capaz de hacer lo mismo?

¿Tenía razón mi editor? ¿Estaba justificada mi voluntad de admitir la falacia de mi opinión?

Self Confidence se publicó en enero de 2010. Pasó 24 semanas en el número uno en las listas comerciales de un conocido minorista británico. Muy rápidamente, varios editores extranjeros compraron los derechos para publicarlo, y ahora este libro está disponible en varios idiomas.

Quién sabe qué tan bien se habría vendido el libro con el título que se me ocurrió.

¿Quizás incluso mejor? Lo dudo. Mi intuición estaba equivocada.

Este no es siempre el caso. Y sería una tontería ignorar las indicaciones de tu voz interior. Pero no es menos estúpido considerar tales sugerencias como la verdad última al tomar cualquiera de sus decisiones.

Gema de la Sabiduría

La voluntad de aceptar que puede estar equivocado es a menudo un signo no de debilidad sino de sabiduría.

126 Parte II. hacia adelante

Debe tener en cuenta todos los hechos y no confiar únicamente en su intuición. Debes escuchar a las personas que ven el mundo de manera diferente a ti. No siempre tienes que estar de acuerdo con ellos, pero sería imprudente no escucharlos.

Y cuando las personas sienten que trabajan o viven al lado de una persona que escucha su punto de vista, aunque sea diferente al suyo, es muy motivador.

¿Estás de acuerdo?

Comida para el pensamiento

¿Anima a las personas a desafiar sus ideas y puntos de vista? ¿Estás listo para admitir que a veces te equivocas?

no tratar personas de la forma en que le gustaría ser tratado

A primera vista, el consejo de "tratar a las personas como quieres que te traten" suena genial. Y para ser justos, este es un buen consejo.

Hasta cierto punto.

Tratar a las personas con el grado deseado de respeto y cortesía parece un punto de partida bastante razonable para construir relaciones con los demás.

Pero, por favor, no se deje atrapar pensando que lo que es bueno para usted es bueno para mí.

De hecho, tratar a las personas de la forma en que desea tratarse a sí mismo puede ser desastroso y hacer que fracase en la construcción de relaciones con las personas.

Permítanme detenerme en esto con más detalle.

Kev es un miembro clave de mi equipo. Es tranquilo, inteligente y un poco tímido.

153

Debo decir que si quieres expresar tu gratitud por lo que he hecho por ti, entonces no habrá dolor.

*No trates a las personas como te gustaría...*129

Sería exagerado decir que estaría feliz de recibir algún reconocimiento público a cambio. Y sin miedo a parecer un poco presuntuosa y engreída (que probablemente sea el caso), diré que me da placer ser el centro de atención.

Sin embargo, "placer" en este caso no es una definición muy precisa.

Lo encuentro agradable.

Sí, este es mi botón. No es que espere una adoración duradera, que me llueva de ramos de flores y que quiera ser el centro de atención de todos. Pero obtengo satisfacción cuando los ojos de la audiencia están clavados en mí. Soy un orador profesional, después de todo. me inspira Me encanta mostrar mi ingenio y conocer gente nueva. Me divierto con esto.

Ahora volvamos a Kev. A veces me acompaña durante las actuaciones. Si quisiera mostrarle mi gratitud por su trabajo, usar el reconocimiento público como tal sería una muy mala idea.

Dudo que si lo llamara al escenario, sería capaz de caminar incluso dos pasos sobre él. Prefiere hundirse en el suelo antes que aparecer en público. Es demasiado tímido para eso. A su entender, el escenario es uno de los diez lugares más terribles del planeta Tierra. Su grito haría eco del siguiente fragmento de sabiduría...

Gema de la Sabiduría

Hagas lo que hagas, no trates a todas las personas como te gustaría ser tratado.

130 Parte II. hacia adelante

Vale la pena pensarlo, ¿no? ¿Con qué frecuencia pensamos que lo que es bueno para nosotros es visto como valioso para los demás?

Realmente es.

Pero sólo hasta cierto punto.

Puede haber casos en que este sea el caso hasta por turno.

Aprecio a Kev como miembro de mi

equipo, pero no organizaré una fiesta ruidosa en su honor y luego lo arrastraré al escenario para decir unas palabras a la audiencia. Después de todo, quiero que siga siendo uno de los jugadores clave de mi equipo y que no me odie por ponerlo a prueba. (Y, Kev, si estás leyendo esto, te prometo que nunca volveré a hacer eso).

Comprender esto me ha sido de gran utilidad en mi relación con mi esposa Helen. Cuando recibo malas noticias, necesito espacio libre. En momentos como estos, necesito estar solo. Puedo salir a caminar donde puedo aclarar mi mente y aceptar lo que he escuchado.

Después de eso estoy listo para comunicarme con otras personas.

Helen es completamente diferente. Cuando recibe malas noticias, quiere hablar de ellas. Si le diera la oportunidad de estar sola consigo misma en tal situación, podría interpretar esto como una manifestación de indiferencia.

Si trato a Helen de la forma en que me gustaría que me trataran a mí, puede causarme dolor y resentimiento.

*No trates a las personas como te gustaría...*131

Entonces yo me calmo dando paseos solitarios, y ella prefiere hablar. Y eso es genial. Cada uno de nosotros acepta el hecho de que reaccionamos de manera diferente ante situaciones similares, y con el tiempo hemos aprendido a respetar esto.

Esto se aplica igualmente al comportamiento de los niños, si tiene alguno. Comprender las diferencias en la naturaleza humana me ayudó a construir mi relación con mi hija adolescente, Ruth, de quien hablé anteriormente. Helen, nuestro hijo Matt y yo amamos la experiencia táctil. Nos sentimos cómodos abrazados tanto en casa como en la calle. Helen y yo a veces nos besamos e incluso nos tomamos de la mano (aunque esto generalmente solo sucede durante la luna llena).

Aquí es donde nuestra hija Ruth se diferencia de nosotros. Y con mucha fuerza.

Incluso a una edad temprana, ella declaró inequívocamente:

"No me gusta abrazar y besar".

Personalmente, no fue fácil para mí aceptar esto. Me gusta demostrar mi amor por ella. ¡El único problema es que a ella no le gusta expresarlo de la manera en que me gustaría expresarlo! Pero si quiero tener una buena relación con mi hija, debo tratarla como ella quiere. Y esto hace que los abrazos y los besos aparezcan muy pocas veces en nuestra carta.

¡Pero Ruth dejó en claro que la expresión de amor en forma de comprarle ropa, bolsos y zapatos le sienta por completo!

Por supuesto, me tomó tiempo ajustar mis expectativas a sus necesidades. Sin embargo, como resultado de construir una relación con Ruth, aprendí la siguiente lección valiosa...

Gema de la Sabiduría

Si desea tener éxito en la construcción de relaciones con otras personas, comience con la satisfacción de sus necesidades, no las de ellos.

Quizás su relación con alguien se detenga porque no se ha tomado la molestia de tomarse el tiempo para comprender las preferencias de esta persona y cuánto se apega a ciertas cosas. Esto se aplica por igual a las relaciones personales y profesionales. No asuma que las percepciones de otras personas son similares a las suyas. Todos somos diferentes y nuestros intereses pueden diferir y, lo que es más importante, podemos estar motivados por cosas completamente diferentes. Recuerde que lo que le conviene a usted puede no ser adecuado para otras personas, por lo que dcbc averiguar cómo les gustaría ser tratados.

Si no está seguro de sus conclusiones, pregunte. Es mucho mejor preguntar que

Comida para el pensamiento

Una excelente manera de comprender qué motiva a las personas y "hace que su barco funcione" es responder las siguientes preguntas.

— ¿Qué debe hacer una persona para mostrarte su gratitud y al mismo tiempo sentir que tu trabajo es apreciado?

— ¿Qué te trae la mayor satisfacción laboral?

adivinar. Así que asegúrese de hacerles a ellos y a usted mismo las siguientes preguntas, cuyas respuestas pueden ser la clave para comprender cómo hacer que sus relaciones con colegas y seres queridos sean más positivas.

No trates a las personas como te

— Describa una situación en la que se sintió particular mente motivado para hacer el trabajo.

— ¿Hay algo que pueda hacer para apoyarte que aún no haya hecho?

Ahora a ti. ¿Qué preguntas deberías hacerle a las personas que valoras para comprender sus preferencias? ¿Cuándo piensas gustaría... 133

Cuatro preguntas asesinas que debes hacerte

Así es, este capítulo es todo acerca de usted. La pelota está de tu lado. Haré preguntas, y la forma en que responda determinará si está listo para desarrollar y aplicar estrategias mejores y más efectivas para construir relaciones con las personas.

Si bien en la mayoría de los libros los autores prometen brindarle respuestas a sus preguntas, prometo que este capítulo no lo hará. Sin embargo, las respuestas que se da a sí mismo pueden ser algunas de las más perspicaces y útiles que obtendrá en el transcurso de la lectura de este libro.

El punto es este. Ahora le voy a hacer cuatro preguntas. No se apresure a responder. Y no tengas miedo. Esto no es una prueba. No hay respuestas correctas o incorrectas a estas preguntas. Ni siquiera tiene que escribir sus respuestas o mostrárselas a nadie, aunque puede ser lo mejor para usted hacerlo.

Esto es lo que quedará entre nosotros.

Para empezar, quiero que pienses en una persona con la que una relación tiene cierto significado para ti. Puede ser alguien relacionado con tu trabajo, por ejemplo, tu colega, jefe, contraparte, cliente. Se trata de

sobre tales relaciones, cuya complicación está cargada de consecuencias bastante graves. No estoy sugiriendo que pienses en las relaciones con la mujer con la que te saludas con gestos silenciosos porque te encuentras todos los días en el vagón del metro de camino al trabajo, o con el chico al que regularmente le compras un sándwich a la hora del almuerzo. .

Por otro lado, la persona en la que puede estar pensando al responder mis preguntas puede no tener nada que ver con su trabajo. Podría ser un amigo cercano, pareja (o ex pareja), pariente o incluso uno de sus hijos. Probablemente no será la tía Kathy, a quien viste por última vez hace 27 años y desde entonces solo has intercambiado tarjetas de Navidad, y tendrás que pensar dos veces antes de saber con seguridad si todavía está viva.

Entonces, ¿te has decidido? Bien.

Ahora, con esta persona en mente, responda las siguientes cuatro preguntas.

1. Que esta pasando en este momentoen su mundo?

Es tan fácil limitarnos a los límites de nuestro propio mundo y nuestras prioridades, que nos impide mostrar suficiente interés en las personas. Es difícil conectarse con otros y construir relaciones con ellos cuando no tienes idea de lo que está pasando en su mundo.

No estoy sugiriendo que profundices demasiado en el mundo de otra persona o que le pidas a una persona que se acueste en el sofá de un psicólogo y hable sobre su infancia. Pero te pido que gastes

tiempo para pensar en este tema. Tal vez esto te haga detenerte y tomarte un momento de pausa. ¿Sabes que? Después de todo, no todas las personas están tan fascinadas con tu trabajo y tu familia como tú. A algunas personas les gusta mucho hablar de sí mismas de vez en cuando. Su respuesta a esta pregunta quizás le permita identificar algunas razones por las cuales esta persona actualmente se comporta de esta manera y no de otra manera.

Respeto el deseo de privacidad de algunas personas. No les gustaría discutir lo que está sucediendo en sus vidas. Maravilloso. Pero esto no se aplica a todos. Además, si en esta etapa se da cuenta de que su respuesta a esta pregunta está incompleta, entonces puede significar que tendrá que dedicar un poco más de tiempo a encontrar la información correcta sobre la persona, en lugar de contarle sobre usted.

2. ¿Qué necesita ahora?

Aquí hay algunas cosas posibles que podrían ser importantes para una persona en un momento dado.

Tal vez esta persona necesite una evaluación de lo que hace en su trabajo. Tal vez solo necesite pasar un tiempo contigo sin separarse. Quizás necesita un buen oyente. Tal vez necesite algún apoyo y consejo debido al hecho de que se enfrenta a un problema particular.

O podría ser todo lo contrario. Tal vez solo necesita que lo dejen solo por un tiempo. Quizás, de hecho, le gustaría que redujeses el grado de atención a su persona en este momento. (Esto es lo que encontré en mi hija,

a quien no le gusta hablar mucho en compañía de sus amigos y que realmente no siente la necesidad de responder a mi pregunta, "¿Cómo estuvo tu día?")

Para algunas personas, la eficiencia del trabajo disminuye cuando pierden la sensación de ser valoradas. ¿Es posible que la persona en la que estás pensando esté actualmente necesitando un poco de aliento? ¿Tal vez solo media hora de conversación cara a cara con una taza de café lo haría sentir mucho mejor? ¿Y tal vez un cambio en su estado de ánimo conduzca a un cambio en su comportamiento?

Por supuesto, puede responder a esta pregunta en función de sus suposiciones, o su relación es tal que puede preguntarle a esta persona directamente.

Por ejemplo, podrías preguntar "¿Hay algo relacionado con nuestro conocido que podría hacer que nuestra relación sea incluso mejor y más fácil que antes?".

Depende de usted decidir cómo obtener la respuesta a esta pregunta. Lo principal es que no lo pases por alto.

3. ¿Estoy escuchando para entender o para defenderme?

Dan Rockwell dijo: "El camino hacia la excelencia está pavimentado con palabras duras". Creo que fue al grano.

La realidad es que en algunos casos, para mejorar las relaciones con los demás, será necesario tener una conversación difícil y posiblemente dura con ellos. No pretendamos que esto será fácil. Tales conversaciones nunca son fáciles.

Si alguien comienza a criticarte, es comprensible que inmediatamente te pongas a la defensiva. Por lo tanto, la mejor manera

tratar de extinguir el conflicto es simplemente permanecer en silencio. Literalmente.

Una persona puede decir tonterías todo este tiempo, y tendrás que escucharla. Por otro lado, su discurso puede contener fuertes argumentos que le darán una comprensión de lo que no sabía antes.

Gema de la Sabiduría

Si desea resolver un conflicto, asegúrese de dejar sus explicaciones en casa de por qué tiene razón y su oponente está equivocado. siempre funciona

La realidad es que en conversaciones como esta, escuchar para entender, no para defender, puede ser difícil, pero aun así trata de quitar el bloqueo.

Tal vez ambos realmente tengan algo que decir. Tal vez solo hubo un malentendido entre ustedes. Por lo tanto, trata de escuchar lo que tu oponente tiene que decirte, en lugar de construir una defensa. Haga preguntas cuando necesite aclarar un punto. Y si estás de acuerdo con algo, dilo.

Gema de la Sabiduría

Es difícil seguir enojado con alguien que está de acuerdo contigo y trata de entenderte.

Esto es lo que es importante recordar.

Escuchar para comprender no significa que siempre estará automáticamente de acuerdo con el punto de vista de su interlocutor. Esto significa que simplemente estás tratando de entenderlo. Y cuando esto sucede, es mucho más probable que el oponente también escuche tu punto de vista.

En mi relación con mi esposa, la respuesta a esta pregunta no solo fue difícil, sino también útil. Cuando Helen sintió la necesidad de proporcionarme... cómo decirlo diplomáticamente... "retroalimentación", mi reacción natural fue escucharla solo para construir líneas defensivas.

Sin embargo, cuando traté simplemente de entender su punto de vista, encontré muchas veces que su crítica estaba justificada, y al final sentí que era mi deber disculparme. Me gustaría decir que mi esposa y yo siempre logramos resolver las disputas de manera amistosa, pero la realidad es que una combinación de orgullo, emotividad y fatiga hace que no siempre apliquemos este enfoque.

Pero cuando tenemos éxito, cualquier conflicto potencial se corta invariablemente de raíz.

Comida para el pensamiento

¿Con qué frecuencia busca conscientemente comprender el punto de vista de otra persona, en

4. ¿Estoy expresando mis pensamientos con suficiente claridad?

Las primeras tres preguntas fueron diseñadas para ayudarlo a concentrarse en comprender a la otra persona y sus necesidades. ¿Puede su capacidad para expresar sus pensamientos claramente ayudar a construir relaciones con las personas?

¿Crees que la gente conoce tus prioridades? ¿Tu situación actual? ¿Cuáles son tus necesidades?

142 Parte II. hacia adelante

¿Quizás tienes un plan de acción tan claro que olvidaste por completo o perdiste de vista el hecho de que debes compartir la claridad de tu entendimiento con otras personas?

Tal vez en lugar de simplemente decirle a la gente lo que debe hacer, ¿debería dedicar un poco más de tiempo a responder la pregunta "por qué"? Quizás para ti estén completamente claras esas razones que otros no notan.

Gema de la Sabiduría

No espere que las personas acepten un trato antes de entender por qué deberían hacerlo.

Recuerde que es posible que las personas no tengan todas las ideas y hechos sobre la situación actual que usted tiene. Es posible que no puedan evaluar las consecuencias de tomar o no tomar ciertas decisiones. Y no hay garantía de que recordarán lo que les dijiste una vez. Comunicar su punto de vista en realidad puede ser un recordatorio para las personas de lo que ya ha dicho. Y el recordatorio es regular.

Aquí hay una lista de esas preguntas.

1. ¿Qué está pasando actualmente en su mundo?

2. ¿Qué necesita ahora?

3. ¿Estoy escuchando para entender o para defenderme?

4. ¿Estoy expresando mis pensamientos con suficiente claridad?

Ahora, después de pensar en estas preguntas, ¿puede decir cuál es particularmente útil para considerar? ¿Todos? O alguno en especifico?

Entonces, ¿qué haces con las ideas que tienes y las respuestas a estas preguntas? Bueno, todo depende de ti. Estoy aquí para hacer estas preguntas. La decisión sobre cómo manejar las respuestas depende de usted. Pero he hecho un trabajo inútil si no les encuentras ningún uso.

¿Estás de acuerdo?

Entonces depende de ti.

Comida para el pensamiento

Después de reflexionar sobre las cuatro preguntas presentadas aquí, ¿qué acción

Cómo no convertir la crítica... en tortura

¿Alguna vez has recibido críticas o quizás tuviste que criticar a alguien? No es tan fácil, ¿verdad? De hecho, las personas toman cursos para aprender a dar y recibir retroalimentación sobre su trabajo. Yo mismo participé en algunos de ellos.

Recuerdo un taller en el área de Londres llamado Sacar lo mejor de la gente, en el que exploramos formas de dar retroalimentación. Puede ser bastante simple cuando necesitas decirle algo amable a una persona, pero se convierte en un camino de arenas movedizas cuando tienes que decir algo que no es agradable. Sensibilidad, diplomacia, equilibrio y constructividad: todo esto puede ser necesario para que sus comentarios no se interpreten como críticas.

No nos engañemos pensando que anteponiendo la palabra "constructiva" a la palabra "crítica" será más fácil que la gente la acepte. Esto no es verdad. No importa cuán segura de sí misma sea una persona, él, como cada uno de nosotros, tiende a omitir la palabra "constructivo" y centrarse en la palabra "crítica".

¿Realmente nos importa que la crítica sea constructiva? En casos raros. En última instancia, independientemente del tiempo dedicado a la selección de formulaciones, entonces,

Cómo no convertir la crítica... en tortura147

lo que vas a decir sigue siendo una crítica. Y cuando usas la palabra "crítica", invariablemente provoca una reacción defensiva en la mayoría de las personas (quizás con la excepción de los políticos, quienes reciben tantas críticas que logran desarrollar inmunidad a ellas).

Es por eso que, como parte de mis seminarios, he hecho todo lo posible para señalar los peligros de usar ciertas palabras en mis testimonios. Recomiendo que la gente no use palabras como "débil" y tire la frase "crítica constructiva" a la basura.

Debo decir que me sorprendió bastante

cómo Yang, un alumno de mis cursos, respondió a una de las preguntas que le planteé.

Le pedí al grupo que pensara en palabras para una persona cuya productividad les gustaría mejorar. Al principio, me inspiraron las respuestas que recibí. Luego fue el turno de Jan.

"Bueno, le diría a mi miembro del equipo, Ben, que tiene el potencial para dejar de ser una mierda", afirmó.

Por un momento pensé que Jan estaba bromeando. Pero rápidamente me di cuenta de que no era así.

"Pensemos en el impacto que podrían tener las palabras de Jan", sugerí.

"¿Estás hablando de la palabra 'potencial'?" Yang reaccionó con un ligero toque de sarcasmo en su voz.

Ian puede ser un ejemplo extremo (y realmente espero que estuviera bromeando), pero ¿con qué frecuencia la certeza de la gente en sus efectivo expuesto prueba debido a lo que alguien ha dicho o escrito sobre nosotros?

Gema de la Sabiduría

Nunca subestimes el impacto a largo plazo de unas pocas palabras cortas.

Redirigir a las personas en la dirección correcta, nosocavar su confianza en el proceso no es fácil, especialmente cuando se tiene que hacer con alguien joven e inexperto. Hay, por supuesto, aquellos en el otro extremo del espectro que embellecen la crítica hasta tal punto que, al escucharla, una persona puede considerar que ha sido halagada. En lugar de señalarle a una persona las deficiencias en su trabajo o comportamiento, nosotros, no queriendo molestarla, la abrazamos, ni remotamente parecido a una leve reprimenda.

Entonces, ¿hay un término medio? ¿Hay alguna manera de darle a una persona"constmanualcrítica",Realmenteynortemies usando esta frase?

Seguramente te alegrará saber que existe tal manera.

Primero, aclaremos para nosotros mismos qué está en el centro de nuestra atención.debe haber una solución al problema existente, y no una indicación de quién tiene la culpa de su aparición.

Gema de la Sabiduría

Queremos, a nuestro las palabras fueron dirigido sobre el creación, no destrucción.

Aquí hermoso estrategia por logros metas. Encontré este enfoque por primera vez mientras trabajaba con el grupo Vistage.(siyensquieremiReconocidob sobrenortesumás,carrilseguirErlaesmiwwwvisage.co.uk).

*Cómo no convertir la crítica... en tortura*149

Como todas las mejores y más efectivas cosas en nuestra vida, es bastante simple. Así es como funciona.

Cuando le dé a alguien su retroalimentación, señale los aspectos positivos, recuerde mencionar "lo que se hizo bien" y brinde algunos ejemplos específicos. Una indicación de puntos negativos o áreas que requieren mejora debe ir precedida de la frase: "Sería aún mejor si..." Y enfatizar cómo se podría lograr la mejora.

Por ejemplo:

"Es muy bueno que al comienzo de su discurso inmediatamente atrajo la atención de la audiencia al hacer una pregunta..."

"... Sería aún mejor si el final de la presentación resultara más significativo. Por ejemplo, incluía un resumen de los puntos principales del discurso y una pregunta para la reflexión en relación con una acción en particular.

Desarmantemente simple, ¿no es así?

He estado usando este enfoque durante varios años en sesiones de capacitación para mis clientes, pero también se puede usar en otras áreas. (Sé que algunas escuelas adoptan este enfoque). Quiero que mis comentarios sean específicos y claros, y el uso de las frases anteriores me ayuda a lograr mi objetivo de centrar la atención de la otra persona en lo que estoy a punto de decir. Si alguien necesita mejorar en varias áreas a la vez, esto es normal. Con este enfoque, el énfasis está en la mejora más que en la crítica.

También puede pedir a las personas que piensen por sí mismas sobre "lo que se hace bien" y luego sobre qué

"Sería aún mejor si..." Le das a la gente una estructura simple para navegar en la que sus respuestas juegan un papel importante. Sin embargo, debe recordarse que no todas las personas tienen el conocimiento o la conciencia suficientes para encontrar las respuestas correctas a tales preguntas.

Por lo tanto, cuando le das retroalimentación a alguien sobre su trabajo, primero debes proporcionarle retroalimentación a esa persona y no tratar de sacarle información. Créame, he conocido gerentes que trataron de hacer lo contrario. El resultado fue muy deplorable. Y el trabajo es un desperdicio.

Gema de la Sabiduría

Hicimos muchos sacrificios cuando, en un esfuerzo por proteger los sentimientos de la gente, los ahogamos en nuestra diplomacia.

Es increíble lo fácil que es llegar a la meta deseada yendo directamente al grano. Y eso es exactamente lo que podemos hacer con el enfoque "Qué se hizo bien..." y "Sería incluso mejor si...".

Cuando utilice este enfoque, tenga en cuenta el posible impacto positivo y negativo de sus palabras. No es lo mismo "coger el toro por los cuernos" que decirle a alguien que "tiene potencial para dejar de ser una mierda".

Después de que le hayas dado tu opinión a la persona, puedes preguntarle si tiene algún comentario o pregunta sobre lo que has dicho. Su punto de vista puede requerir una aclaración, y si alguien no está de acuerdo con sus comentarios, debe agradecer la oportunidad de discutir los detalles. Después de darle a la persona tus comentarios, podrías hacerle las siguientes dos preguntas:

*Cómo no convertir la crítica... en tortura*151

1. ¿Has aprendido algo nuevo por ti mismo?

2. ¿Qué le harías a un amigo la próxima vez?

Usando el enfoque descrito

pequeña prueba

Elige una situación en la que podrías usar las frases "Lo que se hace bien..." y "Sería aún mejor si...".

anteriormente, motivará a las personas a seguir adelante. Su crítica no será percibida por una persona como una tortura.

Por supuesto, puede haber situaciones en las que este enfoque no funcione. Esto se refiere a responder a errores en el cuidado de la salud, la seguridad o cuando el error profesional de alguien da como resultado una pérdida comercial significativa o una insatisfacción extrema del cliente. Pero recuerde aquellos que incluso en tales casos, el énfasis debe estar en encontrar una solución al problema, y no en arreglar la culpa de alguien y humillar a la persona responsable. Las siguientes preguntas te pueden ayudar con esto:

1. ¿Como paso?

2. ¿Por qué pasó esto?

3. ¿Qué hay que hacer hoy para resolver el problema?

Asegúrese de pasar tanto tiempo respondiendo estas tres preguntas como lo hizo con las dos anteriores. Evite atascarse en averiguar las causas y asegúrese de tener suficiente tiempo para buscar soluciones. Este enfoque asegura que

su gente estará motivada para evitar repetir los mismos errores.

Comida para el pensamiento

¿Quién en su empresa necesita ayuda para compartir sus comentarios con otros?

Descubre por qué se quejan

Me pregunto cuántos cambios te han ocurrido últimamente tanto en el trabajo como fuera de él. Es difícil de evitar, ¿no? Nada es inevitable excepto la muerte y el pago de impuestos.

Este es un tema al que siempre dedico mucho tiempo cuando hablo con directores ejecutivos de todo el mundo. Cuando un cliente me informa de cambios significativos en su organización, a menudo (aunque no siempre) se enmarca en el contexto de actitudes negativas del personal y resistencia a la innovación. Al mismo tiempo, me sorprende que algunos gerentes hablen de esto con sincera sorpresa, como si tal reacción de los empleados les pareciera algo fuera de lo común.

Aclaremos la situación.

Ser negativo sobre el cambio es normal.

A veces incluso puede ser necesario. Un

enfoque más optimista de la vida puede conducir al autoengaño en lugar de la preparación para los problemas que inevitablemente se presentan ante nosotros.

Por lo tanto, la pregunta no es la existencia de una actitud negativa, sino qué causó la actitud negativa y cuánto tiempo persistirá.

Descubre por qué se quejan

Verás, realmente creo que las personas negativas pueden sufrir sufrimiento mental debido al comportamiento de otras personas. Muchos conferencistas y escritores sobre el tema de la motivación se burlan de las personas negativas. Pueden ser caricaturizados y vistos como la raíz de todo mal. Su comportamiento es visto como un obstáculo para el progreso, y la actitud hacia estas personas se puede caracterizar por la presencia de una cierta dosis de desprecio y abandono.

Confieso que antes probablemente yo también pertenecí a los que no perdían el momento de "patear lo negativo". Estaba orgulloso de mi actitud positiva y miré a los no iluminados.

"quejosos" y "olfateadores" con cierto grado de superioridad.

Consideré justificado mi comportamiento. Puede ser bastante divertido inventar nuevas etiquetas y apodos para nuestros amigos y colegas negativos. Dos de mis favoritos son "aspiradoras que lloriquean" y "vivienda y servicios comunales" (personas que constantemente se quejan, lloriquean y lloriquean). Estos apodos están garantizados para traer sonrisas a mi audiencia y colegas. Descripciones breves como estas pueden describir con precisión el comportamiento de algunas personas.

Pero hay problemas.

grano sabiduría

Etiquetar puede ser divertido, pero también crea una cierta percepción limitada.

Las personas negativas pueden descartarse fácilmente. Están descuidados. Lo pusieron debajo de la tela.

Pero tal vez este enfoque parezca demasiado desdeñoso.

Puede haber razones reales para que la gente esté preocupada. Por su actitud negativa.

En lugar de condenar al ostracismo a estas personas e ignorar su comportamiento, bien podríamos beneficiarnos al tratar de comprender sus causas fundamentales. En lugar de simplemente responder a "lo que ves", puede ser más efectivo tratar de descubrir y comprender "lo que no ves".

Déjame ser claro. No digo que las actitudes negativas deban ser ahora tomadas con entusiasmo por ustedes, y que la jornada de trabajo deba comenzar con un llamado a pensar y discutir todo aquello que deba provocar nuestra reacción negativa. (Si aún desea hacer esto, puede ver los noticieros de la noche).

Mi sugerencia es tratar la reacción negativa y sus portadores con menos ligereza, no considerarla como un rasgo de carácter indeseable que requiere erradicación inmediata, sino pasar algún tiempo tratando de descubrir y comprender por qué la gente piensa y se comporta de la manera que lo hace.

Puede haber muchas razones para las actitudes negativas. Veamos al menos tres de ellos.

Descubre por qué se quejan 157

1. Algunas personas son negativassintonizado en la naturaleza

Es justo decir que algunas de las personas con las que te encuentras en la vida son constantemente negativas. Al mismo tiempo, se sienten bastante cómodos. Parece que les conviene. Es como si el mismo Dios, al crear a la humanidad, hubiera decidido que un cierto porcentaje de la población tuviera siempre una visión negativa o pesimista de la vida.

¿Quizás hay muy pocas personas en la tierra que podrían romper esta tendencia? ¿O ellos, por su existencia, cargan "positivo" a aquellos que encuentran placer en burlarse de ellos, o Dios crea así un contrapeso a las personas positivas para mantener un equilibrio natural?

Quizás la función principal de las personas cargadas negativamente en este planeta es atraer a personas positivas para evitar que se dejen llevar por sus ideas.

Está bien, admito que lo anterior contiene un cierto grado de ironía, pero parece que algunas personas tienen una tendencia natural a ver el vaso medio vacío.

¿Cambiarán con el tiempo? Talvez no.

Pero pueden volverse más conscientes de cómo su perspectiva negativa puede afectarlos a ellos mismos y a quienes los rodean, y aprender a manejarse a sí mismos.

Nunca pueden convertirse en optimistas naturales. La actitud positiva nunca estará presente.

en ellos de forma predeterminada, pero puede ayudarlos a prestar más atención a los aspectos positivos y abrir oportunidades en lugar de solo a los negativos. He formulado siete preguntas que pueden ayudarte a "callarte y seguir adelante". Todos ellos estarán directamente relacionados con una persona que está presa de ideas negativas. En concreto, la última de estas preguntas es la siguiente: "¿Qué puedo encontrar de positivo en la situación actual?" (Puede acceder a la lista completa de preguntas aquí:www.thesumoguy.com/downloads.aspx.)

Y aquí hay otra posible razón para la actitud negativa.

2. Falta de confianza en sí mismo

Las actitudes negativas a menudo se malinterpretan porque en realidad pueden ocultar un grito de ayuda. Es posible que una persona negativa no se sienta lo suficientemente segura de sus habilidades o de la situación particular en la que se encuentra, y en lugar de reconocer este hecho (para ser justos, debe decirse que esto realmente no siempre es fácil de hacer) , reacciona a estos comentarios negativos o percepción pesimista de lo que está sucediendo. Además, las personas pueden buscar excusas para sus inseguridades, lo que a su vez enmascara aún más las cualidades positivas que realmente tienen.

Si la falta de confianza en sí mismo es la principal causa de la actitud negativa de alguien, entonces el antídoto apropiado sería la instrucción, el apoyo y el estímulo apropiados, lo que espero muestre que la actitud negativa fue una condición temporal y no una característica del individuo. persona.

Descubre por qué se quejan 159

Esto se aplica a las relaciones no solo en el trabajo, sino también en la familia, si tiene hijos. La actitud negativa del niño hacia el tema estudiado en la escuela puede ser causada por la incertidumbre en su capacidad para dominarlo con éxito. Aunque algunos temas pueden percibirse simplemente como aburridos, quizás otra razón de las actitudes negativas hacia ellos sea la falta de confianza. Un poco de ayuda en esta área, si no conduce a la eliminación completa de lo negativo, pero puede mejorar significativamente la situación.

También hay que recordar que para algunas personas la inseguridad que subyace a su actitud negativa se debe a que están haciendo algo que no les produce satisfacción, y no son capaces de hacerlo bien. Recuerda que la confianza en uno mismo es una de las necesidades humanas fundamentales.

Gema de la Sabiduría

No solo es un trabajo duro enseñar a un cerdo a cantar, sino que también desmoraliza a ambas partes involucradas.

Por lo tanto, apelar a las fortalezas de una persona debería ayudar a desarrollar su confianza y agregar positividad a su estado de ánimo.

Pasemos a la tercera razón posible.

3. Sentimiento injusticia

A veces, una actitud negativa se convierte en una señal del rechazo de una persona a una acción o idea en particular. La renuencia a realizar tal acción provoca una actitud negativa o una resistencia persistente.

Parte de este rechazo puede deberse al pesimismo innato de la persona o ser una súplica velada de ayuda, pero también puede ser la simple consecuencia de estar en desacuerdo con alguna decisión o argumentos presentados. En lugar de desechar la negatividad y el resentimiento de alguien, que pueden intensificarse aún más a partir de esto, al menos vale la pena tratar de comprender y evaluar su causa.

Involucrar a las personas en el proceso de toma de decisiones o formación de ciertas ideas. Explíqueles que la solución propuesta, aunque no es ideal, es, dadas las circunstancias, quizás la mejor manera de avanzar. Señale, si es necesario, las peligrosas consecuencias de mantener el estado actual de las cosas. Una sensación de comodidad momentánea puede generar problemas a largo plazo.

Por supuesto, no todas las decisiones deben tomarse abiertamente y en el curso de una amplia discusión. Tomar decisiones rápidas es una necesidad diaria. Pero este enfoque no debe aplicarse a absolutamente ninguna decisión.

Gema de la Sabiduría

En lugar de resentirte por el hecho de la resistencia, tómate un tiempo y trata de comprender sus causas.

Mientras no tenga que hacerlo, no tiene que discutir y justificar cada decisión que tome frente al equipo (aunque algunas organizaciones se han destacado por hacer precisamente eso). Hacer públicas las decisiones no es nuestra única alternativa. Si desea ganarse a personas con una actitud negativa para su lado, un método efectivo puede ser reconocimiento de su punto de vista. Esto no significa que deba renunciar automáticamente a su propio cargo y cumplir con todas sus demandas, sino que debe reconocer el peso de las razones que motivan el comportamiento de estas personas.

Cuando haga esto, puede encontrar que tiene más razones para cooperar y menos tiempo para mantener la oposición.

En el fondo, la mayoría de la gente quiere ser feliz, no infeliz. Por lo tanto, su objetivo es ayudar a las personas a descubrir las razones de sus actitudes negativas y contribuir a su eliminación. Busque las ideas correctas para esto en

> **Comida para el pensamiento**
>
> Piensa en una persona cuyo nivel de negatividad y pesimismo parezca estar por encima del promedio. ¿Cuáles cree que son las principales razones de esta actitud? ¿Qué puedes hacer para animar o apoyar a esta persona?

los próximos tres capítulos, teniendo en cuenta las lecciones de los capítulos anteriores de que algunas personas son como una bombilla. No quieren cambiar, no importa cuánto intentes ayudarlos. Otro pensamiento importante sobre esto: quizás la razón principal de la actitud negativa del empleado eslos errores de gestión.

Cómo hacer que las personas se

sientan importantes (parte 1)

Me pregunto si alguna vez pensaste cuál es la verdadera causa de las peleas humanas.

De hecho, detrás de todos los chismes, los detalles espantosos y las consecuencias de nuestros conflictos con los demás, hay un hecho muy importante que a menudo se pasa por alto. El quid del problema para muchas personas es muy simple:

"No me siento importante".

Es posible que las personas no se den cuenta de que esta es la razón y es poco probable que expresen sus sentimientos de una manera tan clara. Pero si quita las capas superiores de frustración y dolor que a menudo causan ira, encontrará a una persona debajo que no se siente necesaria ni importante.

Este sentimiento puede ser causado en una variedad de formas—ignorancia, mentira, burla, negligencia, falta de voluntad para escuchar o falta de voluntad para ayudar—o puede surgir por sí solo. Puede haber muchas razones, pero las consecuencias son siempre las mismas.

Así que en este capítulo, vamos a ver siete formas que garantizan que una persona se sienta valorada e importante.

Cuando esto sucede, una persona se vuelve mucho más accesible para la comunicación y la interacción. Aplicar

Con las ideas descritas aquí, no solo puede reducir la cantidad de conflictos, sino también profundizar y mejorar sus relaciones con las personas tanto en el lugar de trabajo como fuera de él.

Para lograr este resultado, vamos a utilizar los siguientes siete métodos, que pueden titularse brevemente así:

— Servicio;

— personalización;

— ánimo;

— cortesía;

— interés;

— apreciación;

— atención al hablante.

Ahora veamos cada uno de estos puntos con más detalle.

1. Servicio

Esta es una palabra interesante que algunas personas pueden asociar con sirvientes o meseros que trabajan en restaurantes o tiendas minoristas. De hecho, es poco probable que esta palabra encabece la lista de estrategias diseñadas para involucrar, motivar e influir en otras personas.

Pero creo que debería estar ahí.

Debería ser la base de nuestras relaciones cuando tratamos con otras personas.

Tener una relación con la voluntad de servir a los intereses de otras personas podría haberme evitado los problemas que Mark y yo tuvimos (hablé de esto en el capítulo titulado "Controle su actitud").

En lugar de la idea de que el mundo gira únicamente en torno a nuestra personalidad y que la única forma de encontrar la felicidad es lograr nuestras metas a toda costa, debemos centrar nuestros esfuerzos en descubrir qué podemos hacer para satisfacer nuestras necesidades. y el logro de las metas de los demás. Como dice el conocido experto estadounidense en motivación, Zig Ziglar:

Gema de la Sabiduría

Obtendrás todo lo que quieras de la vida siempre y cuando ayudes a otras personas a conseguir lo que quieren.

Como conferencista profesional, regularmente me recuerdo a mí mismo que mi objetivo principal es servir a la audiencia. Por supuesto, quiero que se aprecie mi trabajo. Mentiría si dijera que no. Pero mi principal preocupación no debe ser lo que la gente piense de mí, sino lo que puedo hacer para ayudar a las personas de mi audiencia a satisfacer sus necesidades.

Esto significa automáticamente que me vuelvo más abierto y menos egocéntrico. En última instancia, mi éxito depende de cuánto pueda ayudar a mi audiencia. Y al satisfacer sus necesidades, tengo muchas posibilidades de que las mías también queden satisfechas.

Cuando el enfoque principal de una empresa está en las necesidades de sus clientes, es mucho más probable que

Cómo hacer que las personas se sientan importantes

eventualmente logrará su propio éxito. Cuando los gerentes hacen la pregunta, "¿Cómo podemos ayudar a nuestra gente a hacer su mejor trabajo?" - colocan así el "servicio" en el centro de la cultura empresarial.

La forma exacta en que puedes servir a los demás depende de las circunstancias. No digo que, por ejemplo, después de preparar la cena para un ser querido, debas preguntarte: "¿Está todo a la altura de nuestras expectativas y qué se puede hacer para mejorar el resultado la próxima vez?" Pero creo que entiendes mi punto. El servicio a los demás es lo que determina nuestro comportamiento en el trato con las personas.

¿Cómo debe ser el ministerio en la práctica? Se revelan formas específicas que podríamos usar para servir a los demás a medida que continuamos buscando oportunidades para hacer que las personas se sientan importantes.

Personalización

¿Qué preferiría: un certificado de regalo o un rcgalo que fue comprado especialmente para usted, según sus preferencias? ¿Un San Valentín con tu nombre o con la fórmula formulada: "A quien corresponda"?

Espero que entiendas mi punto?

Haz que las personas se sientan especiales e importantes personalizando tu mensaje para ellas. En los negocios, esto se logra usando los nombres de los clientes en los contactos. Por ejemplo, siento la eficacia de este enfoque en mí mismo en el hotel, cuyos servicios utilizo regularmente. Reservan un espacio de estacionamiento para mi automóvil con mi nombre. Como resultado, incluso

Tan pronto como entro en el hotel, ya me siento como una persona importante.

Mi amigo Mark Mitchell trabaja como vendedor de automóviles en el noroeste de Inglaterra. Parece estar obsesionado con pensar en qué más pueden hacer él y sus más de 100 empleados para que sus clientes se sientan importantes. Las cartas enviadas a los clientes a menudo contienen posdatas individuales de Mark. Si se encuentra con un artículo que, en su opinión, puede ser de su interés, definitivamente le enviará una copia. Creo que está en su ADN, que, a juzgar por la fidelidad de sus clientes, es muy útil para su negocio.

Cuando enviamos tarjetas de Navidad a los clientes de nuestra empresa, siempre personalizamos cada tarjeta.

Por supuesto, cuando haces que las

personas se sientan importantes al hacer que el contacto con ellas sea más personal, esto no garantiza que seguirán cooperando contigo. Pero al hacerlo, sin duda aumenta la probabilidad de que esto suceda.

Cuando se trata de relaciones con seres queridos, un regalo mucho más placentero y mucho más impactante no sería un certificado de regalo, incluso si muestra su generosidad, sino algo más personal, que requiera imaginación de su parte.

¿Estás de acuerdo?

Incluso una indicación tan aparentemente insignificante de lo que piensas de alguien tiene un gran impacto.

Cómo hacer que las personas se sientan importantes

Gema de la Sabiduría

El trato personal de una persona es una herramienta poderosa para hacerle sentir su propia importancia.

Volviendo a mi propia vida, ¿qué

apreciaría más mi cónyuge, un anillo de diamantes o una bolsa de bollos? Cada vez será una bolsa de bollos. Muchos hombres muestran su amor regalando joyas, pero mi esposa sabe que comprarle un moño es un regalo muy personal y significativo para ella.

(Acabo de mostrarle a mi esposa el último párrafo, y ella me dijo que pensó que la opción ideal sería una bolsa de bollos con un anillo de diamantes adentro, pero probablemente entiendas lo que quiero decir).

Trate a la persona de tal manera que se sienta como un individuo único con sus propios gustos y disgustos, y no solo como uno más entre la multitud sin rostro. Y no olvides lo que se dijo anteriormente en el capítulo.

"No trates a las personas como te gustaría que te traten a ti".

pequeña prueba

¿Qué es lo que podrías hacer esta semana para expresar tus sentimientos personales hacia una persona en particular?

Ánimo

He estado viviendo en este planeta desde hace bastante tiempo. Durante mis viajes, me he encontrado con cientos de miles de personas

reunirse con ellos en persona o dirigirse a una audiencia. Hasta la fecha, he viajado a 40 países y he actuado en 36 de ellos. Pero nunca escuché de nadie la frase:

"¿Sabes cuál es mi problema? Recibo demasiado ánimo".

Se cree que las recompensas que son demasiado frecuentes comienzan a perder su impacto. Pero todos necesitamos aliento de vez en cuando.

Mi amiga Linda Stacey recientemente se hizo llamar mía

"Director de Fomento". Raramente nos vemos ahora, pero ella aún mantiene su título enviándome regularmente mensajes de aliento a través de Facebook.

La palabra "animar" significa literalmente "vigorizar el espíritu". Esto puede significar un deseo de animar a una persona para que inicie algún negocio, no abandone lo que ya comenzó o se fije una meta más alta. También puede significar que su apoyo les da a las personas la confianza para tomar la decisión de renunciar a algo que claramente no está funcionando. Pero en este caso, sus palabras hacen que la persona no se sienta como un fracaso, sino como alguien que ha adquirido una valiosa experiencia para afrontar mejor su próxima tarea.

Gema de la Sabiduría

En un mundo lleno de fracasos, decepciones y gente siempre dispuesta a arremeter contra ti con críticas despectivas, todos necesitamos que nos animen de vez en cuando.

Puede mostrar su apoyo enviando una tarjeta, correo electrónico o mensaje de texto, o una simple carta. Esto también se puede hacer en una conversación normal. El estímulo no tiene que ser prolijo en absoluto.

Cómo hacer que las personas se sientan importantes

Pero cada palabra lleva una carga poderosa. Es capaz tanto de inspirar como de aterrizar.

A lo largo de mi vida he tenido la suerte de conocer a infinidad de personas que me han animado.

Recuerdo cómo mis amigos Tom Palmer y BECK Sandham tuvieron un profundo efecto en mí con sus comentarios en una ocasión particular. Después de ver mi libro rechazado por una de las principales editoriales del Reino Unido, me dio un simple consejo: "No te rindas. Sigue intentándolo durante al menos los próximos 12 meses". Era exactamente lo que necesitaba escuchar, especialmente después de algunos contratiempos. Después de eso, menos de seis semanas después, firmé un contrato con un editor.

No obtendrá ningún retorno real inmediato por alentar a otras personas. Esto no es obligatorio. Pero, ¿no es maravilloso, echando la vista atrás, darme cuenta de que gracias a tus oportunas palabras, algunas personas recibieron el impulso que necesitaban para avanzar hacia su objetivo? Y el hecho de que te hayas tomado el tiempo de alentarlos les dio la confianza para dar el siguiente paso.

Puedes hacer esto.

Comida para el pensamiento

¿Quién entre las personas que te rodean necesita tu apoyo verbal? ¿Qué puedes hacer para animarlo?

Cómo hacer que las personas se sientan importantes (parte 2)

Hasta ahora, hemos analizado tres formas de hacer que las personas se sientan importantes: servicio, personalización y aliento. Ahora veamos cuatro formas más. Recuerde que al hacerlo, buscamos aumentar nuestras posibilidades de influir, involucrar y motivar a otros, al tiempo que reducimos la probabilidad de que ocurra un conflicto. Aquí está la siguiente manera.

Cortesía

Hoy en día, la palabra es muy utilizada.

"respeto" (respeto). Incluso hay un partido político con ese nombre en el Reino Unido. Tampoco es raro que el término se utilice con frecuencia en estadios deportivos, en particular en estadios de fútbol. Sin embargo, a pesar de su uso generalizado, no estoy seguro de que la gente entienda completamente cómo mostrar respeto por los demás.

Para empezar, deberían haber mostrado un poco de cortesía.

La cortesía puede parecer una palabra pasada de moda en la sociedad actual, pero es fundamental para mostrar respeto por otras personas.

Nunca subestimes el impacto positivo que el uso de las palabras puede tener en las personas.

"gracias" y "por favor". O permítanme expresar mi punto de manera diferente. Trate de ser grosero y maleducado con las personas y vea cómo responden a su invitación a cooperar.

La cortesía no debe escatimarse como si fuera un recurso escaso, ni mostrarse solo a aquellos que consideras importantes. Además, no debe reservarse exclusivamente para aquellos que de alguna manera se han ganado el derecho a ser tratados con respeto.

Gema de la Sabiduría

El respeto por los demás debe ser nuestro punto de partida para construir relaciones.

El comportamiento cortés es lo que esperamos que se enseñe en la escuela, se demuestre en la familia y se exhiba en el lugar de trabajo. Esto es lo que trato de tener en cuenta al tratar con la gente durante mis seminarios. Creo que ser arrogante y grosero con la gente es otra forma de decir “no eres rival para mí, no eres nada para mí”. Toda persona, independientemente de su religión, color, orientación sexual o antecedentes, merece ser tratada con cortesía y respeto.

Y la cortesía no se trata solo de decir las palabras "gracias" y "por favor" en el momento adecuado. Se trata de considerar las necesidades de los demás tanto como las propias. Esto incluye responder correos electrónicos, cumplir promesas de devolver la llamada y hacer todo lo posible para llegar a una reunión o evento a tiempo, no cuando le apetezca. Y que uno no debe distraerse durante una conversación leyendo

176 Parte II. hacia adelante

Mensajes SMS, o al menos disculparse con el interlocutor, si todavía lo hace por necesidad.

¿Verdades comunes? ¿Consejos obvios? Indudablemente.

Y, sin embargo, habiendo estado en el negocio por más de 20 años, todavía me encuentro con una falta de cortesía casi a diario que se deriva principalmente de una combinación de ignorancia y falta de tiempo.

Pero esto no puede ser una excusa.

Gema de la Sabiduría

Una persona no podrá sentir su propia importancia si estás jugando con tu teléfono mientras sigue hablando contigo.

Cuando mostramos nuestra cortesía, incluso en pequeñas formas, agrega puntos a nuestro atractivo general. Y cuando les agradamos a otras personas, estamos en una posición mucho mejor para poder influir en ellos. Es más probable que las personas estén abiertas a nuestras ideas cuando sienten simpatía humana por nosotros.

Por supuesto, no hay garantías, pero de esta manera aumenta en gran medida sus posibilidades de interactuar de manera efectiva con los demás. No puedo dejar de apreciar el gran éxito que logró lograr Steve Jobs, aunque era conocido por tener la reputación de ser grosero y descortés al tratar con mucha gente. Y me doy cuenta de que se podrían dar otros ejemplos similares. Pero espero que, en general, este comportamiento se considere la excepción y no la regla.

¿Estás de acuerdo?

Cómo hacer que las personas se sientan importantes 177

pequeña prueba

— ¿Qué tipo de comportamiento puede ser considerado cómo descortés con otras personas?

— ¿Tu familia, amigos y colegas te consideran una persona educada?

Interés

Aquí hay otra forma obvia pero a menudo pasada por alto de mejorar las relaciones con las personas con las que vive y trabaja.

Interesarse en la vida de las personas.

Ve más allá de tu propio mundo y de tus propias necesidades.

Mostrar interés por lo que sucede en el mundo de los demás.

Incluso una simple pregunta como

"¿Cuáles son tus planes para el fin de semana?" o, si conoces a una persona por primera vez: "¿De dónde viene tu acento?"

Créame, si quiere influir en otras personas, comience mostrando su interés genuino en ellas. Pero recuerde, si el interés es fingido, la gente se dará cuenta.

El asistente de ventas me preguntó recientemente si tenía algún plan para el resto del día. Me sorprendió gratamente su interés y le informé que iría con mi familia a una actuación del comediante Michael McIntyre.

¿Cuál fue su reacción?

178 Parte II. hacia adelante

Mirando los artículos que acababa de comprar, me preguntó: "¿Te gustaría conseguir una bolsa para todo esto?"

¿Qué pensé en ese momento?

“Oye amigo, antes que nada, deseo que nunca te intereses en mis asuntos, porque al ignorar mi respuesta, has destruido por completo el efecto beneficioso de la pregunta que hiciste. En lugar de hacerme sentir mi propia importancia, me has decepcionado por completo. Y lo lograste en un tiempo casi récord. Felicidades".

Bueno, puede que haya tenido un mal día, pero entiendes mi punto, ¿no?

Si vas a hacer una pregunta, prepárate para escuchar la respuesta.

Entonces, cuando quieras conectarte con alguien, recuerda que debes interesarte en su mundo y no solo escuchar, sino tratar de recordar los puntos principales de lo que te dijeron. Que sea solo uno o dos puntos.

¿Por qué es importante?

La cuestión es que es una excelente manera de impresionar la próxima vez que te encuentres con una pregunta relacionada con lo que hablaron la última vez. Tan pocas personas lo usan que definitivamente se destacará entre la multitud si hace esto.

¿No deberías probar este método con al menos una persona que conozcas esta semana?

Cómo hacer que las personas se sientan importantes

Apreciación

El autor Philip Yancey argumenta que lo opuesto al amor no es el odio, sino la indiferencia.

Veo esto como una declaración seria. A veces, quizás sin darnos cuenta, empezamos a dar por sentado a nuestros compañeros, clientes o seres queridos. La pereza puede pasar desapercibida para nosotros, y si no estamos atentos a nuestras relaciones con los demás, esto puede convertirse gradualmente en indiferencia.

¿Hay un antídoto?

Sí, y hay bastantes de ellos. Algunos de ellos ya los hemos considerado anteriormente, en particular en el capítulo "Sin inversión, sin ganancias".

Y aquí hay otro.

Debe comenzar a mostrar que aprecia a las personas que lo rodean y mostrarles su reconocimiento. Conviértalo en uno de sus valores internos, no en un elemento adicional en su lista de tareas pendientes si tiene tiempo para hacerlo.

Piénsalo. Escribe una nota. Envía un mensaje SMS (pero no mientras hablas con otra persona). Llamar. Haz un regalo.

Dar una sorpresa. Haz un esfuerzo adicional para complacer a la persona en su cumpleaños o aniversario. Lo que hagas exactamente depende de ti, solo asegúrate de hacerlo.

Verá, el hecho de que haya pensado en cómo expresar su aprecio a otra persona ayudará en sí mismo a detener el desarrollo de la indiferencia.

180 Parte II. hacia adelante

Envío a cada uno de mis clientes una tarjeta de agradecimiento por su trabajo. No quiero que mi negocio se dé por sentado. Agradezco a mis clientes por darme la oportunidad. Enviar una postal es económico y toma minutos, no horas. Se ha convertido en un hábito para mí, y expresar gratitud a las personas no es un mal hábito en absoluto. Y no es sólo una práctica comercial. Es igualmente importante mostrar su aprecio en su vida personal.

Mi hijo Matt está estudiando para ser médico. Hace cuatro años, aún no estaba seguro de elegir una profesión relacionada con la medicina. Pero luego apareció una nueva profesora de biología en su escuela, la Sra. Shaw. Fascinó tanto a Matt con nuevas ideas que se convirtió en un punto de inflexión en su decisión de convertirse en médico.

Escribí una carta a la Sra. Shaw agradeciéndole su influencia en Matt. Ella

pequeña prueba

Tu tarea para hoy (si eliges completarla) es expresar tu gratitud a la persona que influyó en tu elección del camino de la vida. Siéntase libre de compartir sus logros con él y hablar sobre el impacto que ha tenido en usted.

Puede enviarme un correo electrónico a Paul.McGee@theSUMOguy.com . Estaré agradecido por cada carta, y tal vez encuentre una mención de usted mismo en la próxima edición del libro.

respondió: "Gracias por avisarme. Esto esla mejor noticia del año."

Espero que al expresar mi gratitud a la Sra. Shaw,La motivé a trabajar y le recordé la influencia positiva que los maestros pueden tener en los jóvenes.

atención al hablante

¿Alguna vez has notado que la persona con la que hablas no te escucha?

¿Cómo te sientes al respecto?

Ahora compare estos sentimientos con los que experimenta cuando ve a un oyente interesado en su interlocutor.

Sensación mucho más agradable, ¿no?

El tema de la atención al orador, en mi opinión, se silencia inmerecidamente. Así que solo quiero volver a ponerlo en la agenda. De hecho, la realidad es...

Gema de la Sabiduría

A veces ser influencer significa saber cuándo dejar de hablar y empezar a escuchar.

Creo que podemos quedar cautivados por un gran orador, pero muy a menudo necesitamos la ayuda de un buen oyente.

Recuerda esto. Ser un buen oyente es

difícil. Si no está de acuerdo con esto, entonces claramente no es un buen oyente.

Y esto es bastante comprensible. Los pensamientos surgen en la cabeza del oyente sin previo aviso, a veces desencadenados por lo que acaba de escuchar. Y es muy molesto.

Es bastante difícil negarse a responder de inmediato a lo que escucha, ofreciendo a su interlocutor su consejo u opinión. En una conversación normal, esto parece normal y esperado. Pero esto puede convertirse en un obstáculo cuando todo el mundo quiere hablar.

Como resultado, las personas rara vez cuentan su historia completa de principio a fin. Omiten alguna información. Hacen pases. Si no escucha con atención y no hace preguntas, no obtendrá la imagen completa. Esto puede conducir a problemas.

Para un buen oyente, el punto de partida debe ser "cuéntame más al respecto" en lugar de "esto es lo que pienso al respecto". Recuerda que a veces no se trata de "nosotros" sino de "ellos". Si quieres que la gente se abra a contar más y así te ayude a llegar al fondo del asunto, tienes que escuchar.

Deje que la gente haga una pausa. No debe sentir la necesidad de llenar todos los vacíos. Las pausas en la conversación son normales. Le dan tiempo a una persona para aclarar y formular correctamente sus pensamientos.

Si estás enojado, no hables, pero escucha. Si estás molesto, escucha.

Si estás emocionado, escucha. Si estás devastado, escucha.

A veces no necesitamos consejo u opinión. Solo queremos ser escuchados. Ser entendido.

Gema de la Sabiduría

A veces, las personas necesitan tener su opinión completa antes de estar listas para escuchar su opinión.

Quizás entonces, y solo entonces,

estaremos listos para seguir adelante y escuchar el punto de vista de otra persona. Verás, cuando no siento que me escuchen, soy mucho menos

Cómo hacer que las personas se sientan importantes

receptivo a los pensamientos e ideas de su interlocutor. Sus palabras no me alcanzan.

Recuerda que todo el mundo quiere sentirse importante. Necesito sentirme comprendido. Y quizás la forma más efectiva de ayudarme a alcanzar ese estado es escucharme.

¿Estás usando este método?

¿O simplemente esperará hasta que sea su turno para hablar?

Comida para el pensamiento

¿Conoces a alguien que necesita un buen oyente hoy?

Esta fue la última forma que sugerí para hacer que la gente se sintiera importante. En los dos capítulos anteriores, vimos siete maneras de hacer esto. Antes de pasar al siguiente capítulo, repasemos cada uno de ellos. ¿Cuál de estas formas destacaría para usted: servicio, personalización, aliento, cortesía, interés, aprecio, atención al orador?

¿Cómo hacer que la gente vuelva al estado de ánimo perdido?

La probabilidad de que nos hayamos conocido alguna vez es extremadamente pequeña, pero a pesar de esto, estoy bastante seguro de que sé algo sobre tu pasado.

Creo que cuando estabas en la infancia y aprendiste a caminar, entonces si te caías, nadie gritaba detrás de ti: "¡Perdedor! ¡Nunca aprendes a caminar!"

¿Estoy en lo cierto? (Si no es así, creo que acabo de descubrir la principal razón por la que sufres de dudas y baja autoestima, así como de tu aversión al riesgo).

Desafortunadamente, a medida que las personas envejecen, a menudo ya no reciben el apoyo que les ayudó a una edad más temprana. Pero si necesitamos que las personas alcancen grandes alturas, se recuperen del fracaso, alcancen su potencial, entonces debemos buscar métodos efectivos para ayudarlos, especialmente si ya han tropezado varias veces.

Entonces, en este capítulo, aprenderemos qué se puede hacer para influir positivamente y apoyar a las personas, especialmente si están deprimidas, molestas o abatidas por cualquier motivo.

Cómo hacer que la gente vuelva al estado de ánimo perdido187

Jesse Jackson dijo una vez: "Solo puedes menospreciar a alguien a quien ayudas a levantarse".

Sabias palabras. Pero, ¿cómo ayudar a la gente a levantarse?

Dependiendo de su situación particular, puede encontrar útil una de las siguientes estrategias.

1. Entiende que "estar fuera de servicio" está bien

Hágales saber a las personas que ciertas reacciones emocionales ante el fracaso y la adversidad son perfectamente normales. En tales situaciones, es absolutamente natural estar de mal humor, sentirse molesto, deprimido. No hay nada malo en esto. En esencia, esta es una señal de que una persona no muestra indiferencia ante la situación.

Y esto es bueno

Sin embargo, existe un peligro. Las personas pueden quedarse atrapadas en este estado durante mucho tiempo, lo que puede conducir a juicios erróneos sobre sí mismos y sobre los demás durante momentos de estrés emocional.

Es tan malo.

Por lo tanto, ayude a las personas a comprender que es normal sentirse deprimido en tales casos si esta condición es temporal. Como el sol en Inglaterra, que a veces se asoma entre las nubes, pero no se puede decir que ese clima sea habitual en esta zona. Luego ayude a las personas a concentrarse en las siguientes ideas que les ayudarán a seguir adelante.

2. cambiar de looken el fracaso

Aclaremos qué constituye el fracaso. En primer lugar, el fracaso no es el final. Y además, el fracaso no convierte a la persona que lo encuentra en un fracaso.

Así como la caída es parte del proceso de enseñarle a un niño a caminar, el fracaso es parte de nuestro viaje hacia el conocimiento, el desarrollo y el éxito. Cuando las personas fallan, esencialmente obtienen una respuesta. Tal vez deberían cambiar su enfoque, probar una estrategia diferente o practicar más. El fracaso no pone fin a su destino futuro.

Desafortunadamente, la palabra "fracaso" en sí misma tiene tantos significados ahora que tenemos que recordarle a la gente que cualquiera que lleva una vida significativa ha experimentado el fracaso en algún momento.

Entonces, cuando las personas experimenten sentimientos negativos debido a las cosas malas que les sucedieron, acepten su estado depresivo y luego ayúdeles a ver el fracaso como una lección útil que será útil en el futuro. Como uno de los componentes de su camino hacia el conocimiento. El fracaso no marca el final de este camino.

Para convencer a otros de esto, hágales las dos preguntas que ya hemos discutido: "¿Qué aprendiste de una mala experiencia para ti?" y "¿Qué harías diferente la próxima vez?" Al hacerles estas preguntas, ayudará a las personas a enfocarse en el futuro y no en el fracaso pasado.

Gema de la Sabiduría

El fracaso no es el final, pero solo si sigues intentándolo.

Cómo hacer que la gente vuelva al estado de ánimo perdido189

3. Busca los aspectos positivos

Los fracasos y los problemas pueden distorsionar en gran medida nuestra comprensión de la realidad. Si quieres ayudar a otros a evitar esto, no olvides señalarles los aspectos positivos. Sin embargo, tenga cuidado cuando y cómo haga esto, porque a veces las personas pueden ver estos consejos como arrogancia o indiferencia en lugar de ser útiles.

Entonces, en caso de que su amigo haya perdido las piernas en un accidente, no lo insto a volar alegremente a su habitación del hospital, gritando: "¡Siempre mire la vida con optimismo!" o declarando descuidadamente: "Bueno, pero tus manos permanecieron intactas". En diferentes situaciones, es posible que necesite un sentido del tacto y la diplomacia.

Una de las formas más efectivas de enfocarse en los aspectos positivos es hacer preguntas precisas que ayuden a la persona a entenderse a sí misma.

Son preguntas como...

— ¿Qué le gustó a la audiencia de su presentación?

— "¿Qué crees que fue la mejor parte del examen?"

— "Recuerda una situación en la que lograste lidiar con un problema similar.

¿Cómo lo hiciste esa vez?

— "Que tipo¿Puedes destacar los aspectos positivos del evento? ¿Cómo podemos usarlos?

— "¿Qué está pasando en tu vida en este momento que te conviene completamente?"

Muchas personas no logran encontrar el polo por su cuenta.viviendo partes en problemas que les sucedieron cuando estaban en un estado depresivo. Esta reacción a los problemas no es típica. Por lo tanto, en tales casos, las personas deben hacer preguntas precisas y, como apoyo, recordar que no todo es tan malo como les parece en ese momento. Sin embargo, primero asegúrese de evaluar correctamente la profundidad de su dolor y decepción.

4. Consigue pequeñas victorias

¿Cómo puedes ayudar a las personas que están deprimidas?

Recuerda lo siguiente...

Gema de la Sabiduría

Nada motiva como el éxito.

Thomas Carlisle dijo: "Nada garantiza un sentido de confianza y autoestima como el éxito".

Entonces, el éxito, sin importar cuán significativo sea, puede ayudar a crear esperanza. Esto es importante porque la esperanza genera confianza. Ayuda a las personas a "seguir adelante" y sentirse más motivadas a medida que comienzan a creer que pueden tener éxito.

Una pregunta muy eficaz para ayudar a las personas a evitar la depresión prolongada parece ser: "Bueno, ¿qué vamos a hacer a continuación?" o "¿Qué podemos hacer ahora para asegurarnos de que nos estamos moviendo en la dirección correcta?"

Asegúrese de recordar estas preguntas. Realmente te serán útiles para ayudar a los demás.

Cómo hacer que la gente vuelva al estado de ánimo perdido 191

Mi confianza en la importancia de las pequeñas victorias se basa en mi experiencia personal.

Dejame explicar.

Probablemente soy mejor conocido como el autor de SUMO (Shut Up, Move On), que escribí en 2005. Sin embargo, lo que mucha gente no sabe es que 13 editoriales inicialmente se negaron a aceptar este libro (recordarán que mencioné uno de esos rechazos anteriormente en este libro). Cada rechazo hirió mi autoestima. Además, un día recibí cuatro rechazos en el correo al mismo tiempo. ¡Realmente fue una hermosa mañana entonces!

Fue una pequeña victoria que me di cuenta al final de ese día que tenía que hacer un esfuerzo para publicar mi libro. Esto significaba que tenía que hacer cambios en mi libro (para ser honesto, incluso consideré quitar el acrónimo SUMO del título mismo).

Sin embargo, persuadieron a un editor que se negó a publicar mi libro para que accediera a una reunión personal durante la cual pudimos discutir mi proyecto con más detalle. La reunión no cambió nada en cuanto a la decisión del editor, pero el hecho de que convenciera al editor de aceptar la reunión fue una pequeña victoria para mí. Aumentó mi motivación y me dio impulso.

Lo que voy a decir es extremadamente importante.

Con el tiempo, descubrí que un cierto estado de ánimo genera acciones correspondientes.

Al esforzarme por lograr pequeñas victorias, recupero cierto control sobre lo que está sucediendo y hago algunos progresos.

En esencia, mi acción genera motivación, no al revés.

Entonces, cuando se trata de ayudarse a sí mismo y a los demás a seguir adelante, es extremadamente importante recordar lo siguiente...

Gema de la Sabiduría

Enfócate en avanzar hacia la meta, no en el

resultado perfecto.

No debe concentrarse en obtener 10 puntos de 10 posibles desde el principio. Necesitamos centrarnos en las acciones que se requieren para ayudar a las personas a acercarse a los 10 puntos deseados. Esto significa que si actualmente se alcanza la marca de dos puntos, entonces su tarea es ayudar a la persona a obtener 3 o 4 puntos.

Por supuesto, en este caso, 10 puntos pueden parecer completamente inalcanzables, pero ahora que una persona ha pasado de la marca dos, ha marcado el comienzo de un movimiento hacia adelante. Así que celebra el progreso. Este enfoque alienta a las personas a perseverar, en lugar de sentirse intimidadas por la comprensión de cuánto más tienen que hacer en el futuro.

Recuerda a los demás que el éxito en última instancia se compone de pequeñas victorias, por lo que lograrlas puede ser una herramienta indispensable a la hora de levantar la moral de las personas que actualmente se encuentran desbordadas.o

> Comida para el pensamiento
>
> Piense en qué pequeñas victorias pueden ayudar a su equipo o ser querido a rehabilitarse después de un contratiempo.

molesto.

Cómo hacer que la gente vuelva al estado de ánimo perdido193

5. cambiar el paisaje

A veces, un cambio de escenario o escena puede dar lugar a una nueva forma de ver una situación. Puede ser una buena idea reunirse en un pub o cafetería en lugar de en la oficina. A veces ayuda un viaje fuera de la ciudad y, en algunos casos, incluso un par de días en el extranjero.

Cambiar dónde están las personas en un

momento dado tiene el potencial de promover una nueva perspectiva, nuevas ideas y una nueva forma de pensar, ya que te permite deshacerte de la rutina diaria y sentir que estás en un nuevo entorno.

El cambio a veces puede afectarnos al igual que el descanso. También brindan a las personas un nuevo espacio para reconstruir, rehabilitar y recargar energías.

pequeña prueba

Hemos analizado cinco formas de hacer que las personas vuelvan a encarrilarse.

1. Entiende que "estar fuera de servicio" está bien.
2. Cambia tu perspectiva sobre el fracaso.
3. Busque los aspectos positivos.
4. Consigue pequeñas victorias.
5. Cambia el ambiente.

Elija una de estas formas que puede usar para ayudar a una persona en una situación en la que enfrenta un fracaso o un problema.

¿Cómo hablar para que la gente te escuche?

Todos podemos hablar. El problema es conseguir que la gente escuche de lo que estamos hablando. En consecuencia, si vamos a influir con éxito en las personas, involucrarlas en algo o motivarlas, es importante que entendamos qué métodos serán efectivos y cuáles no.

Empecemos por ver tres de los errores más comunes que cometemos al comunicarnos, que en lugar de desviar la atención de los demás hacia nuestro mensaje, por el contrario, la apagan. Mientras observamos estos errores, considere si usted o alguien que conoce está cometiendo tales errores.

1. Abrume a sus interlocutores con detalles

Dondequiera que voy, casi en todas partes me encuentro con personas que piensan que la mejor manera de convencer a los demás o lograr que acepten su punto de vista es contar todo lo que sabes sobre el tema. Estas personas piensan erróneamente: "Si te bombardeo con muchos detalles, no tendrás más remedio que aceptar mi punto de vista".

Están equivocados.

Cómo hablar para que la gente te escuche

Gema de la Sabiduría

Las personas que se ahogan en los detalles suelen asfixiarse por la falta de una explicación clara de la esencia.

Estamos tratando de encontrar claridad entre los montones de información que nos arrojan. Sin embargo, si a nuestros interlocutores les parece que todos los argumentos y convicciones han perdido el punto, ¿qué hacen algunos de ellos?

Nos dan aún más detalles.

Lanzan otro ataque a ciegas, ajenos a las señales evidentes de que están perdiendo audiencia. Podemos estar físicamente presentes durante una conversación o reunión, pero nuestros pensamientos pueden deambular lejos.

¿Por qué señales puedes reconocer que una persona deja de escucharte? Sus ojos son la mejor pista. son vidriosos. Las luces están encendidas pero no hay nadie en casa. La rueda gira, pero el hámster ya está muerto.

Otra señal, quizás más transparente, de que la gente está cansada de escucharte es el momento en que empiezan a golpearse la cabeza contra la mesa o fingen ahorcarse. Mira, incluso aquellos que sufran el Síndrome de Déficit de Introspección pueden tomar nota de estas pistas, aunque siempre habrá una persona que te seguirá atacando a pesar de tu extraño comportamiento.

Gema de la Sabiduría

A pocos se les puede hacer pensar como tú.

La realidad es que la mayoría de las presentaciones y reuniones se beneficiarían si se redujeran a la mitad.

198 Parte II. hacia adelante

La dura verdad de la vida es que el aplauso que reciben algunos oradores al final de su discurso no es admiración.

Expresan alivio de que haya terminado.

También debe entenderse que cuando se pronuncia la frase

En resumen, la mayoría de la audiencia te da una ovación de pie en sus corazones.

Ese es el problema. La brevedad es lo mejor.

Si las personas necesitan más detalles, en la mayoría de los casos lo solicitarán ellos mismos. De hecho, puede animarlos a que lo hagan preguntándoles: "Esa fue una breve descripción general; ¿He cubierto todos los temas que le interesan en este momento, o debo entrar en más detalles sobre el material específico?

Creo que en la comunicación cotidiana, en un entorno más informal, se aplican los mismos principios. La excepción es cuando tu interlocutor necesita saber todos los detalles de lo sucedido o cuando la historia que vas a contar es extremadamente emocionante y divertida. En tales situaciones, tenga en cuenta los puntos principales: el interlocutor le pedirá detalles si es necesario. E incluso entonces, asegúrese de ofrecer a los oyentes solo puntos clave detallados y no una cobertura detallada de los eventos.

2. Inconsistencia entre el tema del mensaje y la audiencia.

Es tan fácil para nosotros decirnos algo a nosotros mismos. Sin embargo, lo que nos parece importante a nosotros puede ser completamente insignificante para otra persona. e incapacidad para

Aceptar esto significa que estamos perdiendo el tiempo del interlocutor y perdiendo el nuestro.

Una gran cantidad de personas, cuando preparan sus discursos, los consideran en términos de lo que quieren decir, en lugar de lo que la audiencia quiere escuchar.

Es importante recordar siempre que las personas desviarán su atención hacia otra cosa si su mensaje no es fácil de entender y, lo que es más importante, hasta cierto punto relevante para sus vidas. De lo contrario, ¿cuál es el punto de su publicación?

Énfasis en los hechos en lugar de las sensaciones.

Las personas están interesadas e inspiradas no solo por lo que dices, sino también por cómo lo dices. Dirigirse solo a la mente del oyente rara vez cambia algo. También es necesario involucrar sus sentimientos.

Gema de la Sabiduría

Cuando quieras convencer a la gente, mira no solo sus mentes, sino también sus corazones.

Por lo tanto, deberá prestar atención a cómo organizará su presentación, además de su propio contenido. Esto significa que debes pensar en cómo hacer que tu mensaje sea más efectivo, qué historias o anécdotas puedes usar para ilustrar. Recuerde que Martin Luther King Jr. inspiró a toda una nación no al decir:

"Tengo un plan estratégico", sino al decir: "Tengo un sueño". Sí, se centró en los hechos, pero también apeló a los sentimientos de las personas.

200 Parte II. hacia adelante

Pocos se dan cuenta de lo importantes que son ambos.

Aquí hay una lista de los errores comunes que hemos cubierto.

1. Bombardeando a la gente con detalles.

2. Inconsistencia entre el tema del mensaje y la audiencia.

3. Centrarse en los hechos en lugar de las sensaciones.

¿Cuál de ellos notó en otras personas y cuál, quizás, se permitió?

Bueno, hemos identificado el problema. ¿Cuál es la solución? Pruebe los siguientes cinco consejos para empezar.

1. Comprender su naturaleza

Tómese un tiempo para pensar en las necesidades e intereses de sus potenciales oyentes. Muchas personas, cuando les hablas sobre un problema en particular, inconscientemente se preguntan: "¿Por qué debería importarme?"

Piense en cuáles son los problemas de sus oyentes o qué problema puede ayudar a resolver su mensaje. Diseñe su actuación de tal manera que "se rasque exactamente donde le pica". Porque si no tiene éxito, solo obtendrá una audiencia educada en lugar de una que busque activamente escucharlo.

Prepare su charla preguntándose constantemente, en nombre de la audiencia, "¿Por qué debería importarme?" En su nombre, haga la siguiente pregunta:

"¿Cómo puedo hacer que mi mensaje satisfaga las necesidades de mi audiencia?"

Cómo hablar para que la gente te escuche

2. Recuerda la regla del 90/90

No puedo demostrar científicamente este hecho, pero potencialmente el 90 % de la impresión general que generas en tu audiencia se encuentra en los primeros 90 segundos de tu presentación o conversación. Y a pesar de que cada palabra de tu mensaje puede ser muy importante, es en los primeros segundos cuando necesitas atraer la atención de la audiencia.

Aquí hay algunas maneras de ayudar a lograr esto.

— Haz la primera oración de tu mensajekim y claro:

"Estoy aquí para discutir con ustedes el miedo humano número uno, y también para decirles cómo un simplelos consejos pueden ayudarte a deshacerte de él".

— Puede comenzar con una pregunta retórica, cuya naturaleza captura instantáneamente la atención de la audiencia:

"Si pudieras darle a alguien el único consejo que te gustaría recibir cuando seas más joven, ¿cuál sería ese consejo?"

— Tal vez deberías empezar con una historia.o sea muy claro acerca de cómo su mensaje los beneficiará.

Solo tenga en cuenta que después de los primeros 90 segundos, los oyentes pueden desear estar en otro lugar o estar ansiosos por saber lo que tiene que decir al minuto siguiente. Por lo tanto, asegúrese de que los primeros 90 segundos de su discurso estén llenos de material significativo.

202 Parte II. hacia adelante

3. Comenzar con el fin en mente

De hecho, esta idea se describe como la segunda habilidad en los 7 hábitos de la gente altamente efectiva del Dr. Stephen Covey. Simon y Schuster, 2004. Este enfoque es extremadamente efectivo tanto en la vida en general como en la comunicación en particular.

Se reduce a lo siguiente. ¿Tiene una comprensión clara de cuál es el propósito de su presentación (su reunión, su conversación)?

Para ayudarlo a responder esta pregunta, le daré una más: ¿Puede llenar el espacio después de los dos puntos antes de comenzar a hablar?

Como resultado de la presentación de hoy (reuniones, conversaciones), lograremos lo siguiente...

Gema de la Sabiduría

llamar a la gente en viajar Con por adelantado programado ruta y lugar de llegada, y no en un camino misterioso a ninguna parte.

Recuerde: si usted mismo no puede formular claramente las metas y objetivos de su discurso, ¿por qué cree que la audiencia debería conocerlos?

Hay otra gran manera de poner todo en su lugar en tus propios pensamientos.

Pregúntate, ¿qué nuevos conocimientos, sensaciones y acciones esperas de tu audiencia después de que termine tu presentación (reunión, conversación)?

Concéntrese en los resultados antes de comenzar a pensar en el contenido, la estructura y los detalles de su mensaje.

Esta acción previene el caos y aporta claridad a lo que realmente importa. El beneficio adicional es que ahorra tiempo. Tanto la mía como la del público.

Permítanme terminar este inciso con las palabras que leí en un letrero que estaba en el mostrador de recepción de uno de mis clientes. Se paró justo en el centro y leyó lo siguiente:

¿Cómo ayuda esta reunión a nuestros clientes?

¡Qué gran manera de mantener a las personas constantemente enfocadas en un objetivo final claro!

4. Antes de escribir una receta, infórmeseDónde le duele

Es difícil que las personas se entusiasmen con la solución de un problema cuando no están del todo seguras de si el problema realmente existe. Durante mis presentaciones, a menudo sugiero siete preguntas que te ayudan a “callarte y seguir adelante” (están descritas en mi libro SUMO). Les recuerdo que se puede acceder a la lista de preguntas a través del enlace:www.thesumoguy.com/downloads . aspx. Es mejor hacerse estas preguntas si tiene alguna dificultad. La primera pregunta recibe una respuesta pública particularmente amplia:

“¿Cuántos puntos puedo calificar la gravedad

de este problema en una escala del 1 al 10 (donde 10 = muerte)?"

204 Parte II. hacia adelante

Sin embargo, antes de abordar las siete preguntas clave, primero destaco el "dolor", que es lo que llamo pensamiento erróneo. Este es el tipo de juicio que se interpone tanto en la perspectiva humana como en el comportamiento humano.

Utilizo una variedad de historias y ejemplos para ilustrar cada tipo de pensamiento erróneo y pido a mis oyentes que consideren cuáles de estos tipos son característicos de ellos mismos y si conocen personas que "sufren" (uso esta palabra a propósito) de tales tipos. . pensando.

Después de eso, enumero el impacto y las consecuencias de un compromiso persistente con el pensamiento erróneo, y explico por qué no es suficiente simplemente seguir el lema: "Piensa con optimismo". Las personas saben que necesitan pensar con optimismo, pero cuando se encuentran con dificultades y adversidades, quieren descubrir cómo hacerlo.

En mis actuaciones, hago lo siguiente:

invito a la audiencia a un viaje. Cuento chistes e historias a los oyentes, lo que parece una excelente manera de involucrar a las personas en un nivel emocional. Les aclaro que pensar mal genera problemas, y también enfatizo que este problema puede causar dolor. Verá, no solo quiero que la gente señale que hay un problema. Me esfuerzo por que lo sientan.

¿Crees que quieren escuchar una solución al problema en esta etapa?

Con seguridad.

¿Cómo hablar para que la gente te escuche? 205

Solo en este momento comparto con la audiencia una "receta para el dolor", es decir, les enumero esas siete preguntas. Proporcionan a mi audiencia un cambio de pensamiento erróneo a lo que yo llamo pensamiento "sabroso": este tipo de pensamiento le permite abordar las dificultades de la vida con el estado de ánimo adecuado.

Gema de la Sabiduría

Si desea que las personas acepten tomar una determinada decisión, asegúrese de que sientan el dolor causado por el problema.

Recuerde, es la combinación de hechos y sentimientos lo que hace que las personas escuchen lo que usted dice y actúen como resultado. No se limite a simplemente declarar hechos desnudos. Influya en los sentimientos de las personas, y al señalarles el dolor que causa el problema, lo logrará.

Entonces, ¿esta información te hizo pensar a qué deberías prestar atención en tus futuros discursos? Tendrá que decidir por sí mismo cuánto énfasis se debe poner en el dolor causado por el problema y qué tan relevante y realista es este enfoque en una situación particular.

Sin embargo, ¿por qué no intentarlo?

Invierte en ti mismo

Las formas de aprender a hablar para que la gente escuche son más fáciles de escribir que de aplicar en la vida. Sin duda le ayudará a utilizar los consejos que he dado en este capítulo y evitar los errores que

206 Parte II. hacia adelante

Llamé tu atención. Sin embargo, si está considerando seriamente desarrollar la capacidad de involucrar y convencer a su audiencia, entonces no importa a cuántas personas asista, aún debe trabajar en usted mismo asistiendo a cursos o consultas. Encuentre un mentor para tomar lecciones o cursos a los que pueda asistir. Para mejorar, nada mejor que la oportunidad de practicar y recibir retroalimentación. Si vive en el Reino Unido, estaré encantado de compartir con usted los detalles de los servicios que brindo personalmente en esta área. Puede enviarme un correo electrónico a: BECK.LANCE @theSUMOguy.com para obtener más información. También puede ver un video corto que creé sobre este tema. Para hacer esto, vaya a:www.youtube.com/watch?v=mxQWWx P2w8.

Además, le sugiero que visite el sitio:www.TED.com donde tendrá la oportunidad de ver grabaciones en video de los discursos de los principales expertos mundiales en este campo, que cubren varios temas. Al mismo tiempo, preste atención no solo a lo que dice, sino también a cómo lo hace.

Comida para el pensamiento

Entonces, ¿cuál de las estrategias anteriores deberías usar para que la gente te escuche?

1. Comprender su naturaleza.
2. Recuerda la regla del 90/90.
3. Comenzar con el fin en mente.
4. Antes de escribir una receta, averigüe dónde le duele.
5. Invierte en ti mismo.

¿Conoce a alguien que podría beneficiarse de los consejos de este capítulo? ¿Qué acciones tomará para asegurarse de que estos consejos les sean útiles?

La pelota está de tu lado

Entonces, ¿a qué resultados reales puede conducir el éxito en las relaciones?

Vamos a averiguar.

Era el 10 de enero de 1995. El reloj marcaba las 16.30. Estaba nervioso, esperando una respuesta de Jacqueline. El día fue difícil y agotador.

Durante las siguientes dos horas, me dio un relato detallado de cómo fue el evento del que hablé para su empresa.

Esos 120 minutos jugaron un papel muy importante para mí. Como alguien que solo había luchado tres años antes con la encefalomielitis miálgica (o síndrome de fatiga crónica), me di cuenta de que, en muchos sentidos, mi presentación fue un logro tan significativo que no se podía desear nada más.

Pero deseaba.

Quería mejorar mis habilidades para hablar y expandir mi negocio. Quería cumplir mi sueño de actuar no solo en el Reino Unido, sino en todo el mundo.

La pelota está de tu lado209

Me senté en el lobby de un hotel en las afueras de Manchester, escuchando a

Jacqueline y sabiendo que sus palabras servirían como catalizador para que mi sueño se hiciera realidad, o como una señal de que necesitaba deshacerme de mis ilusiones y comenzar. pensando en un plan B.

Septiembre de 1974, 8:45 am Entro en la oficina del Sr. Ji Kok. Mi último año de escuela primaria comienza en mi vida. Mi familia se mudó de un lugar a otro muchas veces. Esta escuela es mi cuarta. Yo tengo 10 años de edad.

Mi madre sueña apasionadamente que tenga éxito en la vida, pero mi éxito académico deja mucho que desear. Las matemáticas me confunden, las ciencias naturales siguen siendo un completo misterio. Lamento no poder abandonar la escuela e ir a la escuela de teatro. Parece que solo en esta área tengo alguna habilidad.

Después de 10 meses, me gradúo de la escuela secundaria. Me despido del Sr. Gycock y lloro. Disfruté mucho esos 10 meses. Fue el mejor momento en todos los años de estudio.

Mi confianza en mí mismo ha crecido. He

mejorado mi rendimiento académico. Sin embargo, las ciencias naturales siguen siendo un misterio para mí, envueltas en la oscuridad.

Julio de 1986 Suroeste de Londres. En medio de unas largas vacaciones en la universidad. El sol brilla en Inglaterra. Yo, junto con otras cincuenta personas, acepto participar voluntariamente en una misión caritativa cristiana.

Estamos divididos en equipos cuyos miembros no se conocen. Después de unos días nos convertimos en amigos cercanos.

El líder de mi equipo resulta ser un tipo llamado BECK. Él es un poco mayor que yo. Estábamos de acuerdo con él, aunque

Desde fuera parece que tenemos muy poco en común. BECK no puede descifrar el fuera de juego en el fútbol. Confieso que me encanta la literatura rusa, pero nunca la invité a una primera cita. Pero nos reímos mucho juntos. Tenemos una cosmovisión similar, admiramos profundamente a las personas y estamos interesados en lo que los impulsa.

Después de 26 años, BECK sigue siendo mi mejor amigo. Llegué donde estoy ahora en la vida gracias en gran parte a él. Por un lado, no participó en la creación de este libro. De hecho, todavía no ha visto un solo capítulo. Sin embargo, espero que su sabiduría, perspicacia y experiencia, que compartió conmigo con humor y con una paciencia asombrosa, corran como un hilo rojo a través de muchas páginas.

12 de noviembre de 2012. Domingo por la mañana. A las 6:30 am yo otra vezdesperte temprano. El último capítulo de este libro acaba de ser enviado a la basura.

Borré todo hasta la última página.

En cambio, decidí escribir un libro sobre Jacqueline, el Sr. Gicock y mi amigo BECK.

No necesitarían leer este libro. Ya vivían según las reglas descritas en él.

Ya han descubierto cómo tener éxito en el trato con la gente.

No son perfectos. Continúan cometiendo

errores y enfrentando dificultades, al igual que el resto de nosotros.

Pero sé el impacto que estas personas tuvieron en mí. Cada uno a su manera, me hicieron la persona que soy.

La pelota está de tu lado211

El Sr. Geekok me dio confianza en mí mismo. En ese momento yo tenía 10 años. La mejor edad para la autoestima.

Gracias al profesionalismo y apoyo de Jacqueline, los comentarios de mi primera actuación en enero de 1995 no sofocaron mi deseo de seguir adelante, sino que se convirtieron en un catalizador para el desarrollo de mi carrera.

Finalmente, gracias al continuo apoyo de BECK, a pesar de sus dificultades personales, encontré en él no solo un amigo, sino también un mentor y un modelo a seguir.

Estas personas, con su ejemplo, me mostraron ejemplos del impacto que puede tener el éxito en las relaciones con las personas.

Este éxito realmente juega un papel importante. Él puede mejorar tu vida. Además, con solo algunos de los consejos que hemos cubierto en este libro, puede transformar su vida personal y profesional.

Sin embargo, depende de usted si estos consejos tendrán el efecto adecuado.

Tanto tu tarea como la mía no es adquirir nuevos conocimientos. Además, la tarea ni siquiera es desarrollar nuevas ideas. Es importante poder poner en práctica lo que ya sabemos.

Es importante entender que todos los consejos que hemos cubierto en este libro son fáciles de seguir.

Y es igual de fácil no seguir.

212 Parte II. hacia adelante

¿Será este libro uno más de esos que se pueden poner en la estantería y olvidar durante unos años? ¿Se olvidarán rápidamente los consejos y las ideas contenidas en él?

Espero que no.

De hecho, espero que te esfuerces un poco y hagas algo ahora mismo. Les doy la palabra y les pido que realicen una acción que llevará unos cinco minutos, tal vez incluso menos.

Ponte en contacto conmigo. Tuiteame sobre el libro en @thesumoguy o envíame un correo electrónico a BECK.LANCE @theSUMOguy.com.

Todo lo que te pido que hagas es decirme qué es lo que más recuerdas de este libro. Y luego hable sobre una acción que va a tomar en relación con lo que ha leído.

Puedes pensar que no deberías preocuparte por esto.

Puedes pensar que no importa.

En ese caso, te equivocas. Importa.

Personalmente, leo todas las reseñas que me envían. Y les respondo. Pero lo estás haciendo por ti, no por mí. Tomar una pequeña acción puede ser el catalizador para otras pequeñas acciones. Esta es una pequeña victoria, y ya sabemos los beneficios que nos puede traer, ¿no?

No importa cómo se desarrolle nuestra relación en el futuro, espero sinceramente que este libro, aunque sea un poco,

La pelota está de tu lado213

fue útil para usted. La vida puede ser una montaña rusa a veces, especialmente cuando se trata de relaciones humanas. Las personas pueden ser tanto la principal fuente de alegría como la principal causa del sufrimiento.

El Sr. Gycock ya no está en este mundo para que pueda leer sobre lo que hizo por mí. Pero BECK y Jacqueline pueden leer acerca de su contribución.

Espero que al compartir este viaje conmigo, haya acumulado el conocimiento y la inspiración que necesita para dejar su huella en la vida de los demás.

Y puedes hacerlo, lo cual es simplemente maravilloso.

De hecho, puedes empezar hoy mismo si quieres. Ahora la pelota está de tu lado.

Antes de despedirme, recapitularé brevemente lo que hemos cubierto en este libro.

Espero que esto te ayude.

Las personas no se pueden arreglar. Se les puede ayudar, se les puede apoyar, pero no se les puede corregir. No somos máquinas. Nunca lo olvides.

La mayoría de las personas sufren de DDS - Síndrome de Déficit de Introspección. Si le parece que no está sujeto a él, lo más probable es que esté equivocado. Por lo tanto, responda a los comentarios sobre usted con calma. Tales revisiones pueden ser un verdadero regalo para usted.

214 Parte II. hacia adelante

Algunas personas no cambian. Ellos no quieren hacerlo. Son como bombillas. Pero cambiarán si encuentras el interruptor correcto. Eso es vida.

Las personas inteligentes a veces también hacen cosas estúpidas. Tener un alto coeficiente intelectual no siempre equivale a tener éxito en las relaciones. En esta ciencia no se otorgan títulos científicos. Así que mantenlo simple.

Recuerda, obtienes lo que estás dispuesto

a soportar. Tu silencio todavía dice algo, pero no siempre sobre lo que quieres decir. Así que a veces tienes que hablar en voz alta.

Humillar a la gente es para diletantes. Este es un signo de debilidad, no de fuerza. Pida ayuda si la necesita. Dale a la humillación un boleto de ida.

Ser "bonito" no siempre ayuda. Lamento molestarte, pero así son las cosas. Y una persona que no es popular entre la gente a veces puede lograr más éxito. La rigidez es un signo de fuerza.

Recuerde, una persona puede marcar la diferencia, pero se necesitan dos para bailar tango. Encuentra el coraje para preguntarte si el problema es culpa tuya. Esto hablará de tu coraje. Además, ayuda mucho.

Si no inviertes nada, no esperes resultados. El dinero no crece en los árboles, y las relaciones humanas no sobreviven en la indiferencia. Se marchitarán hasta que empieces a alimentarlos.

Espere lo mejor, pero tenga expectativas

realistas. Las únicas excepciones aquí son aquellos que disfrutan del estrés. Sin embargo, esto no puede considerarse normal.

La pelota está de tu lado215

"No despiertes a un perro dormido". Sin embargo, este consejo no debe convertirse en un credo. ¿Acuerdo?

Mantén tu actitud hacia las personas bajo control. Seguir este consejo puede ser más importante de lo que piensas y, al final, puede salvarte de la hostilidad y de una posible pelea. Si no me crees, pregúntale a Mark.

Mata la necesidad de tener siempre la razón. Te estás engañando a ti mismo creyendo que esto es cierto. No siempre tienes razón. Así que prepárate para admitir tus errores y luego analiza cuánto éxito has logrado con esto.

Trata a las personas como quieren ser tratadas. Se sorprenderá de los beneficios que obtiene si primero ayuda a las personas a obtener lo que quieren. Es una estupidez tratar a todos por igual. Así que sé flexible si quieres tener éxito.

Cuando sabe lo que está pasando en la vida de las personas y lo que es importante para ellas, puede entablar buenas relaciones con ellas. Cuando escuchas a una persona para comprender y expresar tu propio punto de vista, estás avanzando en el camino hacia la creación de una gran relación. Eso es por lo que debes esforzarte.

Cuando le dices a la gente sobre "lo que está bien hecho..." y "qué sería aún mejor si...", no conviertes tu crítica en una tortura. Tales frases pueden resucitar la confianza en sí mismas de las personas y restaurar las relaciones. Esto tiene un efecto poderoso.

Si analiza por qué las personas se quejan constantemente de algo, verá que la mayoría de las veces hay razones para su resistencia. La gente necesita ser escuchada, no etiquetada. Esto se llama respeto.

216 Parte II. hacia adelante

Las personas necesitan sentir su importancia, porque todos representamos un cierto valor para la sociedad. Entonces, cuando satisface la necesidad de las personas de sentir su propio valor, en realidad las está ayudando a tener éxito. Esto se llama privilegio.

Cuando las personas pierden los estribos, usted puede ayudarlas a recuperarlos. Para hacer esto, es posible que deba ayudarlos a ver el fracaso de una manera diferente, lograr una pequeña victoria o permitirles permanecer frustrados por un tiempo. Pero solo por un corto tiempo. No la suerte es solo un capítulo de su vida. Puedes ayudarlos a escribir un nuevo capítulo. Esto es increíble.

Finalmente, asegúrese de ser escuchado. Habla para que te escuchen. Necesitas transmitir tu mensaje a la audiencia. No dejes que se pierda en un mar de detalles. Satúrelo con hechos, pero no olvide apelar a los sentimientos. Involucrar, influir, motivar.

Y tendrás éxito en las relaciones con las personas.

www.ingramcontent.com/pod-product-compliance
Lightning Source LLC
La Vergne TN
LVHW010541160826
845677LV00013B/2959